이야기 파라독스

aha! Gotcha

이야기 파라독스

마틴 가드너 지음

이충호 옮김 | 김용운 추천 · 감수

옛날 어느 마을에 들른 나그네가 이발사에게 경쟁 상대가 있는지를 물었다. 그러자 이발사는 이렇게 대답하였다.

"예, 경쟁 상대는 없습니다. 마을 사람 중에서 스스로 수염을 깎는 사람 말고는 모두 내가 깎아줍니다."

이 대답을 들은 나그네는 궁금증이 생겼다.

'그러면 이 이발사의 면도는 누가 해줄까?'

만약 자신이 면도를 한다면 그는 스스로 면도하는 사람들의 집합에 속하게 된다. 그러므로 그는 자신이 말한 것처럼 그런 부류의 사람을 면도해서는 안 된다. 따라서 그는 스스로 면도할 수가 없게 된다. 그렇지만 만약 그가 자신의 면도를 하지 않는다고 해보자. 그러나 이 이발사는 스스로 수염을 깎지 않는 사람들을 모두 면도해주기 때문에 자신의 수염을 깎을 수밖에 없는 것이다. 결국 이 이발사는 가엾게도 자신의 수염을 깎으려고 하면 깎지 않아야 하고 깎지 않으려고 하면 깎아야 하는, 이러지도 저러지도 못하는 상황에 처할 것이다.

곰곰이 생각해보면 우리는 일상생활 속에서 이처럼 막연한 상식을 뛰어넘어 논리적으로 모순되는 일들을 종종 보게 된다. 이런 경우를 우리는 논리적인 역설, 즉 파라독스라고 한다. 이런 이야기들은 그냥 스쳐지나가게 되면 단지 우스운 이야깃거리에 지나지 않겠지만, 여기에는 논리적 사고, 나아가 수학적 사고의 중요한 단서가 숨겨져 있다. 그래서 버트런드 러셀은 집합에 관한 자신의 역설을 설명하기 위해 이 이발사의 이야기를 예로 들었다.

이처럼 역설은 사물을 논리적으로 생각할 수 있도록 해주는 재료이기 때문에 일찍이 고대 그리스의 철학자나 수학자들은 역설에 깊은 관심을 보였다. 이렇듯 그들은 생활 주변에서 일어나는 일을 그냥 지나치지 않고 논리적으로 생각해봄으로써 학문의 체계를 발전시킬 수 있는 논리적인 사유 능력을 키워왔다. 따지고 보면 오늘날과 같은 인류의 고도한 문명도 일상생활 속에서 생겨나는 이러한 의문과 논리적 사고의 축적이 없었다면 이루어지지 못했을 것이다. 그러나 이처럼 고도화되고 전문화된 문명 사회에서 살고 있으면서도 그러한 문명을 가능케 했던 수학을 단지 전문적인 수학자들의 연구 대상쯤으로 여겨 흔히 '수학' 하면 우리 생활과는 무관한 골치 아픈 교과목으로 치부해버리는 역설적인 현상을 우리는 보게 된다. 하지만 현대 사회처럼 고도의 지식·정보 사회에서는 수, 통계, 확률, 집합 등 수학의 모든 영역에 대한 논리적이고 체계적인 사고 능력이 절실하게 필요하다는 것은 부정할 수 없는 현실이다.

저자가 머리말에서 밝힌 것처럼 이 책은 논리, 수, 기하, 확률, 통계, 시간 등 현대 사회를 살아가는 우리가 생활 주변에서 흔히 겪게 되는 상식적인 일들의 논리적 허점을 하나하나 드러내줌으로써 마치 마술사의 묘기를 보는 것 같은 흥미를 느끼게 해준다. 그래서 이러한 역설을 생각해나가노라면 저절로 수학적인 사고에 익숙해지게 되고 자기도 모르게 논리적인 사고 능력을 갖게 되는 장점이 있다.

아직까지 우리 나라에는 수학 세계의 논리적 역설을 이처럼 쉽고도 흥미 있게 풀어주는 책이 없었기에 우리 나라에서 이 책을 번역하여 출판하는 의미는 자못 크다고 할 수 있다. 특히 수학을 공식의 암기와 기호나 숫자의 풀이 정도로 생각하고 쉽게 싫증 내는 고등학생들이나 논리적 사유 능력이 요구되는 대학생 및 모든 지식인들에게 이 책은 논리와 수학의 새로운 세계를 접할 수 있게 해줄 것임에 틀림없다.

한양대학교 명예교수 김용운

차 례

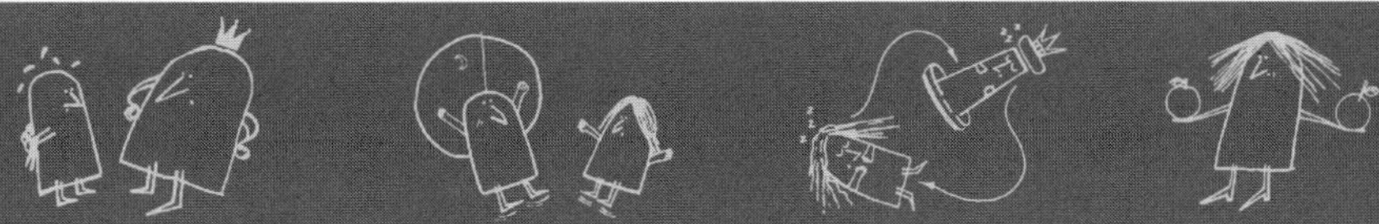

머리말

이 책은 논리학과 확률, 수, 기하학, 통계, 시간 등 수학의 여섯 분야에 등장하는 파라독스를 다루었다. 그 가운데에서도 특히 재미있고 수학적으로 중요한 것들만 최우선적으로 선택했다.

'역설'이라는 말은 다양한 의미로 쓰이는데, 이 책에서는 직관이나 상식에서 벗어나 일반 독자들을 깜짝 놀라게 하는 모든 결과를 역설이라고 부르기로 한다. 그러한 역설은 크게 네 부류로 나눌 수 있다.

1. 명백히 거짓인 것처럼 보이지만 실은 참인 주장.
2. 명백히 참인 것처럼 보이지만 실은 거짓인 주장.
3. 논리적으로 전혀 오류가 없어 보이지만, 결국 논리적 모순을 낳는 추론
   (이러한 종류의 역설을 흔히 궤변이라 부른다).
4. 참인지 거짓인지 판단할 수 없는 주장.

수학의 역설들(과학의 역설들도 마찬가지지만)은 단순한 흥밋거리 이상의 의미를 지니고 있다. 그러한 역설이 심오한 직관을 낳는 경우가 종종 있다. 고대 그리스인에게 아무리 정교한 자를 들이대더라도 정사각형의 대각선 길이를 정확하게 잴 수 없다는 사실은 곤혹스러운 역설이었다. 그렇지만 이 곤혹스러운 역설에서 무리수론이라는 광범위한 새 영역이 탄생했다. 19세기의 수학자들에게는 무한집합의 각 원소를 그 부분집합의 각 원소와 일대일 대응시킬

수 있다는 사실과, 서로의 원소를 일대일 대응시킬 수 없는 두 무한집합이 존재한다는 사실이 이해할 수 없는 역설로 보였다. 이러한 역설들은 집합론의 발달을 낳았으며, 그것은 또 과학철학에 큰 영향을 미쳤다.

우리는 역설에서 많은 것을 배울 수 있다. 역설은 훌륭한 마술 트릭처럼 너무나도 놀랍고 인상적이어서 우리는 어떻게 그런 일이 일어나는지 몹시 궁금해한다. 마술사는 트릭을 공개하는 일이 드물지만, 수학자는 비밀로 감춰둘 이유가 없다. 이 책에서 나는 각각의 역설을 되도록이면 전문 용어를 사용하지 않고, 간단하게 설명하려고 최대한 노력했다. 만약 여러분이 이 책을 읽고 큰 흥미나 자극을 느껴 더 많은 것을 배울 수 있는 다른 책이나 문헌을 찾아본다면, 수학 실력도 크게 향상될 뿐만 아니라 그 과정에서 큰 즐거움도 얻을 수 있을 것이다.

마틴 가드너

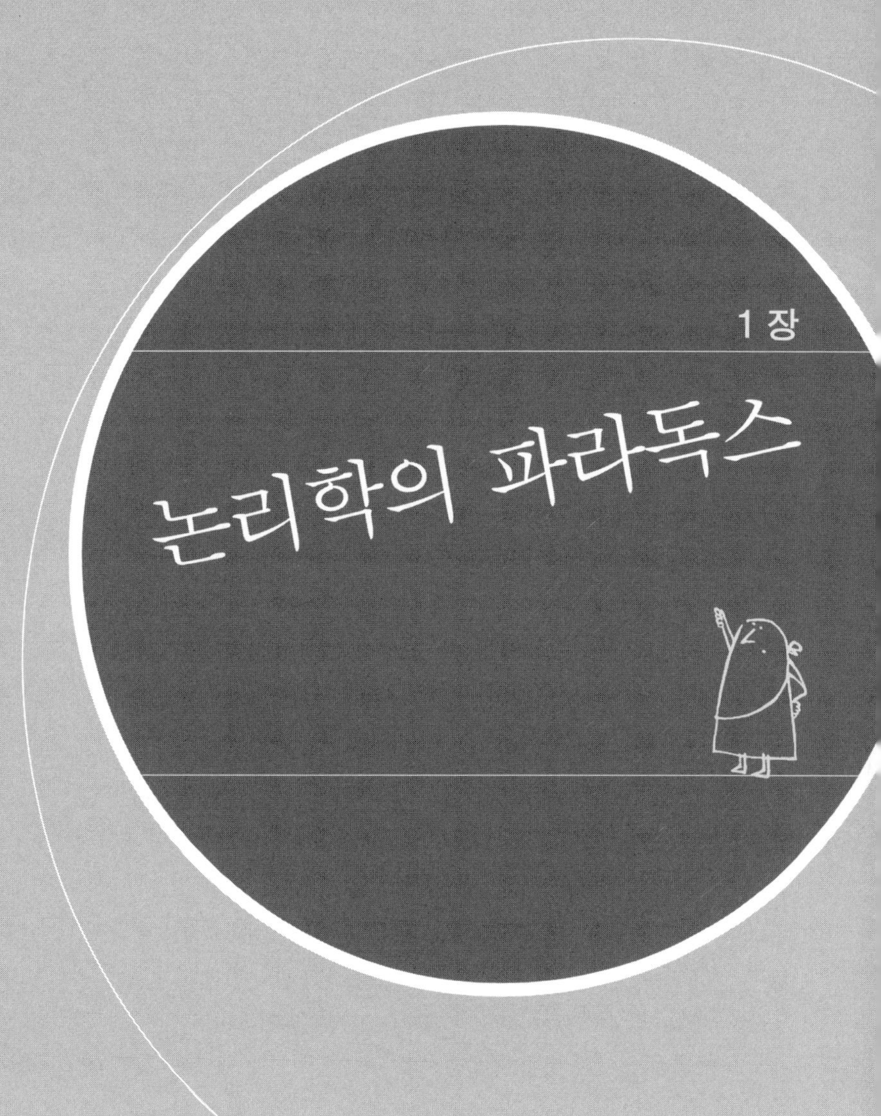

1 장
논리학의 파라독스

논 리 학 의 파 라 독 스

수학뿐만 아니라 모든 연역 추론에서 논리는 필수적인 역할을 담당한다. 그런데 아무런 잘못도 없이 명백히 옳은 단계를 따라 논리를 전개해나가다가 갑자기 모순에 부닥치는 일이 일어난다. 그것은 마치 '2+2=4'라는 증명을 보여주면서 그와 동시에 '2+2=4'가 아니라는 증명을 보여주는 것과 같다. 무엇이 잘못된 것일까? 연역 추론 과정 자체에 어떤 치명적인 결함이 숨어 있는 것은 아닐까?

현대 논리학과 집합론에서 일어난 획기적인 발전은 고전적인 역설을 해결하려는 노력에서 나왔다. 버트런드 러셀(Bertrand Russell)은 그러한 역설들을 해결하기 위해 오랜 세월을 보낸 끝에 마침내 현대 논리학과 수학의 기초를 확립한 기념비적 저서 『수학의 원리』를 알프레드 화이트헤드(Alfred Whitehead)와 함께 저술했다.

역설은 질문을 제기할 뿐만 아니라, 그 질문의 답도 제시할 수 있다. 이 장에서 역설을 통해 답을 제시한 질문으로는 다음과 같은 것들이 있다.

1. 미래의 사건을 정확하게 예측하는 것이 논리적으로 불가능한 상황이 있을까?

2. 왜 집합론에서는 일반적으로 자기 자신을 원소로 포함시키는 집합을 만드는 것을 금지할까?

3. 언어에 대해 이야기할 때, 왜 우리가 이야기하는 대상인 언어(대상언어)와 우리가 말하는 언어(메타언어)를 구별해야 할까?

이러한 질문들에 답을 제시하는 역설은 모두 순환 논법이나 자기 언급을 포함하고 있다. 논리에서 자기 언급의 가능성은 어떤 이론을 파괴할 수도 있고, 오히려 그것을 풍부하고 흥미롭게 만들어줄 수도 있다. 문제는 풍부하게 만들어줄 가능성만을 허용하고, 자기 모순을 낳을 가능성을 배제하도록 이론을 잘 다듬는 것이다. 역설을 생각하는 것은 우리가 생각한 논리적 개념에 적당한 한계를 설정했는지 테스트하는 데 아주 유용한 도구가 된다.

현대 논리학의 모든 역설이 다 해결되었다고 생각해서는 안 된다. 전혀 그렇지 않다! 임마누엘 칸트(Immanuel Kant)는 자기 시대에 논리학은 완벽하게 발전하여 더 이상 이야기할 새로운 것이 없다고 말했다. 그러나 칸트가 이해했던 모든 논리학 지식은 현대 논리학 중에서 아주 초보적인 부분에 지나지 않는다. 현대 논리학에는 가장 뛰어난 논리학자들마저도 서로 견해를 달리하는 심오한 단계가 있는데, 이 단계에서는 역설적인 질문들이 아직 해결되지 않았으며, 앞으로도 많은 질문들이 더 나올 수 있다.

거짓말쟁이 역설(1)

에피메니데스 : 모든 크레타인은 거짓말쟁이다.
에피메니데스가 한 말은 진실일까? 그런데 에피메니데스도 크레타인이 아닌가? 그렇다면 그는 거짓말을 한 것이다. 그렇다면 크레타인은 거짓말쟁이가 아닌 게 되므로, 에피메니데스가 한 말은 참말이 된다. 그가 한 말은 어떻게 참말도 되고 거짓말도 될까?

에피메니데스는 기원전 6세기경에 크레타에 살았다는 전설상의 그리스 시인이다. 전설에 따르면, 그는 57년 간이나 계속 잠을 잤다고 한다.

거짓말쟁이는 항상 거짓말만 하고, 참말을 하는 사람은 항상 참말만 한다는 것을 법칙으로 가정할 경우, 에피메니데스가 한 말은 논리적으로 모순에 빠진다. "모든 크레타인은 거짓말쟁이다"라는 말은 에피메니데스 자신도 거짓말쟁이라는 것을 뜻하므로 그가 한 이 말도 거짓말이 된다. 그렇다면 크레타인은 항상 참말을 말하므로, 에피메니데스가 한 말도 참말이 된다.

그리스 철학자들은 논리적으로 모순이 없어 보이면서도 참도 되고 거짓도 되는 이런 명제에 골치를 썩였다. 스토아 학파의 크리시포스는 거짓말쟁이 역설에 관해 여섯 편의 글을 썼다고 하는데, 지금까지 남아 있는 것은 하나도 없다. 그리스의 시인 필레타스(그는 몸이 너무 가벼워 바람에 날아갈까 봐 신 바닥에 추를 매달고 다녔다는 일화가 있다)는 이 문제로 고심하다가 수명이 단축되었다고 한다. 신약 성경에서 바울도 이 역설을 언급했다.

그들 중의 한 사람이 "우리 그레데 사람들은 언제나 거짓말쟁이이고 몹쓸 짐승이고 먹는 것밖에 모르는 게으름뱅이이다"라고 말하지 않았습니까? … 이 증언

은 옳은 말입니다.(디도서 1장 12~13절)

그렇지만 바울이 이 말에 포함된 역설을 제대로 이해하고 있었는지는 불분명하다.

거짓말쟁이 역설(2)

이것 역시 아주 유명한 거짓말쟁이 역설이다. "이 문장은 거짓이다." 이 문장은 참일까? 그렇다면 이 문장은 거짓이라는 게 맞다. 이 문장이 거짓이라고? 그렇다면 이 문장은 참이라는 말이 아닌가? 이처럼 자기 모순에 빠지는 진술은 생각보다 훨씬 많이 존재한다.

왜 자기 자신에 대해 언급하는 이러한 문장 형식은 거짓말쟁이 역설을 더욱 분명하게 보여줄까? 그 까닭은 거짓말쟁이는 항상 거짓말만 하고, 참말을 하는 사람은 항상 참말만 말한다는 모호한 가정이 필요 없기 때문이다.

이것을 변형시킨 사례는 무척 많다. 버트런드 러셀은 어느 날, 철학자 조지 무어(George Moore)가 일생에 단 한 번만 거짓말을 했다고 말했다. 그것은 누군가 조지 무어에게 "당신은 항상 진실만을 말합니까?"라고 물었을 때, "아니오"라고 답한 것이었다고 한다.

거짓말쟁이 역설은 여러 단편 소설에도 등장한다. 내가 가장 좋아하는 것은 던세이니(Dunsany)가 쓴 「선서 증언」이다. 그 이야기에서 던세이니는 한 남자를 만나는데, 그는 지금부터 오로지 진실만을 말하겠다고 엄숙하게 선서한다. 그 남자는 파티에서 사탄을 만나 거래를 했다고 한다. 골프 클럽에서 골프 실력이 가장 형편없었던 그 남자는 골프를 칠 때마다 홀인원을 하게 해달라고 부탁했다. 그런데 그가 항상 홀인원을 치자, 다른 사람들은 이 남자가 속임수를 쓴다며 클럽에서 추방하고 말았다. 이야기 끝 부분에서 던세이니는 그 남자에게 사탄은 그 대가로 무엇을 얻었느냐고 묻는다. 그는 "사탄은 내게서 진실을 말하는 능력을 빼앗아갔지요."라고 말한다.

배지와 낙서

이런 배지를 본 적은 없는지?
"배지를 달지 맙시다."

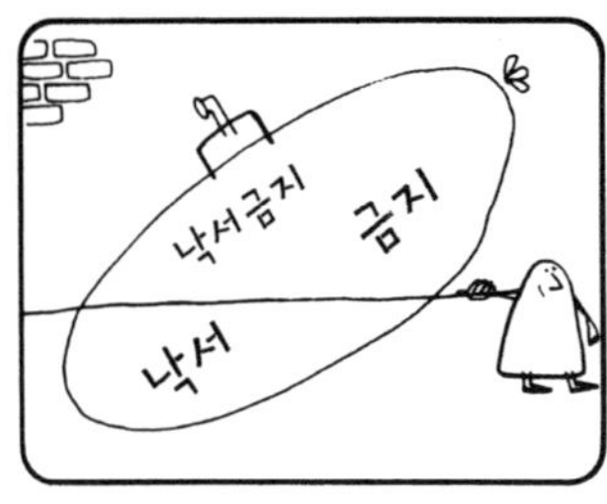

혹은 담벼락에서 이런 낙서를 본 적은 없는지?
"낙서 금지!"

이 말들은 왜 모순일까? 스스로가 자신이 주장하는 말을 어기고 있기 때문이다. 또 다른 예로는 "스티커를 붙이지 마시오"라는 스티커, "보지 마세요"라는 게시물, "나 같은 사람하고는 결혼하지 않을 현명한 여자와 결혼하겠다"는 남자 등이 있다. 그라우초 맥스(Groucho Max)는 자신을 회원으로 받아주려는 클럽에는 가입하지 않겠다고 말했다.

거짓말쟁이 역설과 비슷한 자기 모순적 진술로는 "모든 지식은 믿을 수 없다"와 조지 버트런드 쇼(George Bertrand Shaw)가 말한 "유일한 황금률은 예외 없는 법칙은 없다는 것"이 있다.

문장과 그 부정형

이 문장에는 단어가 몇 개 들어 있는가? 여섯. 따라서 이 문장은 부정형으로 써야 참이 될 것 같다. 과연 그럴까?

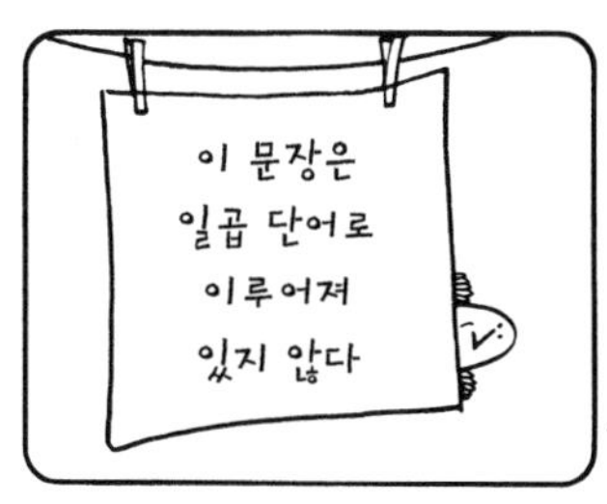

그 부정형은 정확하게 일곱 단어로 이루어져 있다. 그러므로 이 문장도 잘못된 것이다. 이 딜레마를 어떻게 해결해야 할까?

지어낸 사람이 누군인지 알려져 있지 않은 아래 역설도 이와 비슷한 종류의 역설이다.

이 중에는 틀린 것이 세 개 있다. 그것을 찾아내라.

1. $2+2=4$

2. $3 \times 6 = 17$

3. $8 \div 4 = 2$

4. $13-6=5$

5. $5+4=9$

답 : 2번과 4번만 틀렸다. 따라서 잘못된 것이 세 개 있다는 문제 자체도 잘못이다. 이것이 바로 세 번째 틀린 것이다.

미쳐버린 컴퓨터

컴퓨터가 발명되고 나서 얼마 후 사람들은 거짓말쟁이 역설을 컴퓨터에 집어넣어 보았다. 명제의 참, 거짓을 가려낼 수 있는 컴퓨터에 "이 문장은 거짓이다"라는 명제를 집어넣었더니…….

이 불쌍한 컴퓨터는 참과 거짓 사이에서 영원히 왔다갔다하면서 문자 그대로 미쳐버리고 말았다.
컴퓨터: 참-거짓-참-거짓-참-거짓…….

진리값 논리 문제를 풀도록 프로그램된 세계 최초의 컴퓨터는 1947년 하버드대학의 대학원생이던 윌리엄 버카트(William Burkhart)와 시어도어 칼린(Theodore Kalin)이 만들었다. 그들이 거짓말쟁이 역설을 컴퓨터에 집어넣자, 컴퓨터는 천둥 같은 요란한 소음을 내면서 참, 거짓, 참, 거짓……을 무한히 반복했다.

미국 소설가 고던 딕슨(Gordon Dickson)이 쓴 공상과학소설 『멍키렌치』에는 컴퓨터의 작동을 마비시켜 위기를 모면하는 과학자들의 이야기가 나온다. 그들이 사용한 방법은 컴퓨터에 다음과 같은 명령을 입력한 것이었다. "지금부터 입력하는 모든 명령은 잘못된 것이니 수행하지 말 것."

닭이 먼저냐, 알이 먼저냐

그 뒤 컴퓨터는 또 한 번 시련을 겪게 되었다. 바로 닭이 먼저냐, 알이 먼저냐 하는 질문을 받은 것이다. 닭이 먼저일까? 그러나 알 없이 어떻게 닭이 생길 수 있는가? 그러면 알이 먼저일까? 그러나 닭이 알을 낳지 않으면, 알은 어디서 생기는가?

'닭이 먼저냐, 알이 먼저냐' 하는 문제는 논리학자들이 '무한 회귀'라 부르는 문제 중에서 가장 유명한 것이다. '퀘이커 오츠' 시리얼 포장지에는 퀘이커 교도가 그 시리얼 상자를 들고 있는 그림이 그려져 있다. 그런데 퀘이커 교도가 들고 있는 그 상자에는 또 조그맣게 퀘이커 교도가 상자를 들고 있고, 그 상자에는 또 끝없이 같은 형태가 반복된다.

〈사이언티픽 아메리칸〉지 1965년 4월호의 표지에는 사람의 눈이 커다랗게 그려져 있다. 그런데 그 안에는 〈사이언티픽 아메리칸〉지 4월호 표지가 반사돼 보이는데, 그 표지 안에는 다시 눈이, 눈 안에는 다시 책이…… 무한히 이어진다. 이발소에서 두 개의 거울 사이에 앉아 있으면, 자신의 모습이 거울 속에서 계속 반사되며 무한히 나타나는 것을 볼 수 있다.

작가들도 작품 속에서 무한 회귀를 사용하는 경우가 있다. 올더스 헉슬리(Aldous Huxley)의 소설 『연애 대위법』에서 필립 쾰스는 어느 작가의 이야기를 소설로 쓰는데, 소설 속의 주인공인 작가는 또 어느 작가의 이야기를 소설로 쓴다. 앙드레 지드(André Gide)의 소설 『위조 지폐범』과 커밍스(E. E. Cummings)의 희곡 『그』에도 이와 비슷한 무한 회귀가 나온다. 또 미국의 소설가 노먼 메일러(Norman Mailer)가 쓴 단편 소설 「공책」에서도 작중 인물인 작가가 노먼 메일러와 똑같은 이야기를 쓴다.

　조나산 스위프트(Jonathan Swift)는 벼룩에 관한 시에서 무한 회귀를 사용했는데, 수학자 드 모르간(De Morgan)이 그것을 다음과 같이 고쳐썼다.

　　큰 벼룩의 등에는 작은 벼룩이 붙어

　　큰 벼룩의 피를 빤다.

　　그리고 그 작은 벼룩의 등에는 더 작은 벼룩이 붙어 있고,

　　그 위에는 또 더 작은 벼룩이…… 끝없이 붙어 있다.

　　큰 벼룩은 또

　　더 큰 벼룩의 등에 붙어 피를 빨고,

　　더 큰 벼룩은 또 더 큰 벼룩의 등에 붙어 있고,

　　그것은 또…… 끝없이 더 큰 벼룩의 등에 붙어 있다.

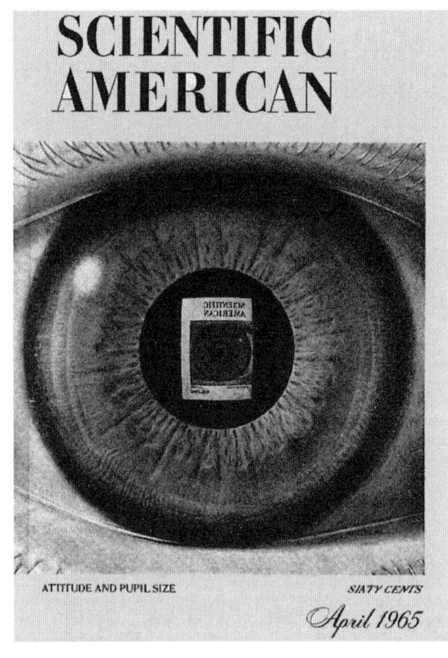

　무한 회귀와 관련된 두 가지 과학 문제에 대한 답은 아마도 영원히 찾지 못할지도 모른다. 팽창하고 있는 우리 우주가 세상의 전부일까? 아니면 우리가 알지 못하는 더 거대한 전체의 일부일까? 또 한 가지 질문은 정반대로 아주 작은 것에 관한 것이다. 전자는 궁극적인 입자일까, 아니면 그 속에 더 작은 부분으로 이루어진 내부 구조가 있을까? 오늘날 물리학자들은 많은 입자들은 쿼크들의 결합으로 이루어져 있다고 믿고 있다. 그렇다면 쿼크는 더 작

은 입자들로 이루어져 있지 않은가? 어떤 물리학자들은 양방향 모두 이러한 구조의 단계는 끝없이 계속된다고 생각한다. 우주 바깥에 또다시 다른 큰 우주가 있다는 생각은 상자 속에서 끝없이 상자가 나오는 것과 비슷하다. 마치 가장 큰 양수나 가장 작은 소수가 없는 것처럼……

플라톤과 소크라테스의 역설

잠깐 다시 생각해보자. 크레타인에 대해 말하는 크레타인, 자기 자신에 대해 언급하는 문장, 배지에 대해 이야기하는 배지. 이 진술들은 모두 스스로에 대해 언급하고 있다. 그렇다면 자기 언급이 바로 모순을 낳는 원인은 아닐까?

그렇지 않다. 고대 그리스인은 자기 언급을 없애는 것만으로 역설을 완전히 피할 수 없다는 사실을 알고 있었다.
플라톤 : 소크라테스가 다음에 하는 말은 거짓이다.
소크라테스 : 플라톤이 한 말은 옳다.

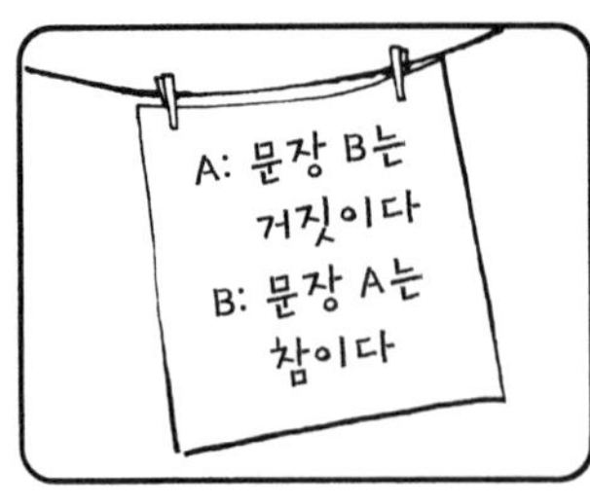

논리학자들은 플라톤과 소크라테스의 역설을 왼쪽과 같이 단순하게 만들어보았다. 여러분이 두 문장 중 어느 쪽을 믿든지 간에, 한 문장은 다른 문장에 의해 부정된다. 그런데 두 문장 중 어느 것도 스스로에 대해 언급하지 않았다. 그런데도 둘을 합치면 거짓말쟁이 역설이 나타난다.

중세의 논리학자들이 많이 연구한 이 거짓말쟁이 역설은, 문제의 근본 원인이 단순히 자기 언급에 있는 것이 아님을 증명해주었다는 점에서 중요하다. 만약 문장 A가 옳다면, 문장 B는 틀려야 한다. 그러나 문장 B가 틀리다면 당연히 A도 틀리다는 결론이 나온다. 이번에는 A가 틀렸다고 가정해보자. 그러면 문장

B가 옳다는 결론이 나온다. 그러나 문장 B가 옳다면, 다시 A도 옳아야 하는데, 이것은 가정에 모순된다.

어느 문장도 스스로에 대해 언급하지 않는다. 그러나 두 문장을 합쳐서 생각하면, 서로가 다른 쪽의 진리값(참, 거짓)을 뒤집어버리기 때문에 도대체 어느 쪽이 옳고 그른지 판정할 수 없게 만든다.

이 역설을 카드로 만들어 친구들을 헷갈리게 만들 수 있다. 이것은 영국의 수학자 저데인(P. Jourdain)이 만든 것이다.

카드의 한쪽 면에는 '뒷면에 적힌 말은 진실입니다'라고 쓰고, 반대쪽에는 '뒷면에 적힌 말은 거짓입니다'라고 쓴다. 많은 사람들은 카드를 여러 번 앞뒤로 뒤집어본 뒤에야 자신이 무한 회귀의 덫에 걸렸다는 것을 알게 된다.

앨리스와 레드 킹

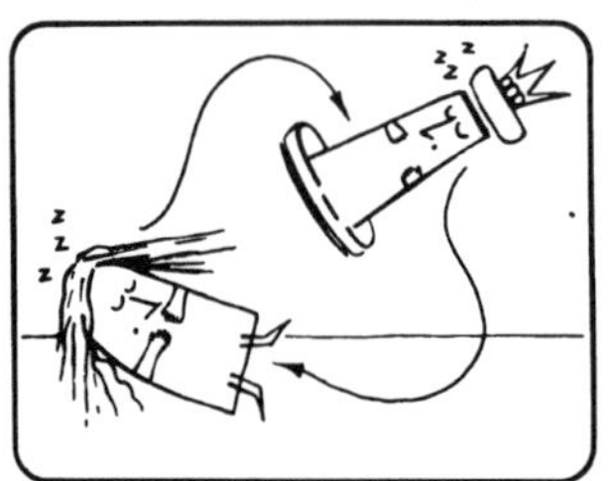

플라톤과 소크라테스의 역설은 『거울나라의 앨리스』에 나오는 앨리스와 레드 킹의 경우처럼 두 개의 무한 회귀를 포함하고 있다.

앨리스 : 나는 잠자는 레드 킹의 꿈을 꾸는데, 그는 꿈속에서 그의 꿈을 꾸는 나를 본다. 맙소사! 계속 이어지는 이 꿈은 도대체 언제까지 계속될 것인가?

앨리스가 레드 킹을 만나는 이야기는 『거울나라의 앨리스』 제4장에 나온다. 거기서 레드 킹은 잠들어 있는데, 트위들디는 앨리스가 레드 킹의 꿈속에 나오는 존재일 뿐이라고 이야기한다. 트위들디는 앨리스에게 이렇게 덧붙인다. "만약 킹이 잠을 깬다면, 너는 촛불을 불어 끈 것처럼 휙 사라지고 말 거야."

그런데 이 대화는 앨리스 자신의 꿈속에서 일어난다. 그렇다면 레드 킹이 앨리스의 꿈속의 인물인가? 아니면 앨리스가 레드 킹의 꿈속의 인물인가?

이중의 꿈 이야기는 실재성에 관한 깊은 철학적 질문을 낳았다. 버트런드 러셀은 "재미있게 표현되지 않았다면, 이것은 무척 고통스러운 고민을 안겨줄 것이다"라고 말했다. 닭과 알의 무한 회귀는 시간을 거슬러 올라가지만, 앨리스와 레드 킹의 무한 회귀는 순환적이다. 에셔(M. Escher)는 '손을 그리는 손'에서 이 순환 역설을 표현했다. 호프스태터(D. Hofstadter)는 『괴델, 에셔, 바흐』에서 이러한 순환 역설을 '이상한 고리'라고 불렀다. 그의 책에는 과학과 수학, 미술, 문학, 철학에 등장한 이상한 고리의 예들이 많이 나온다.

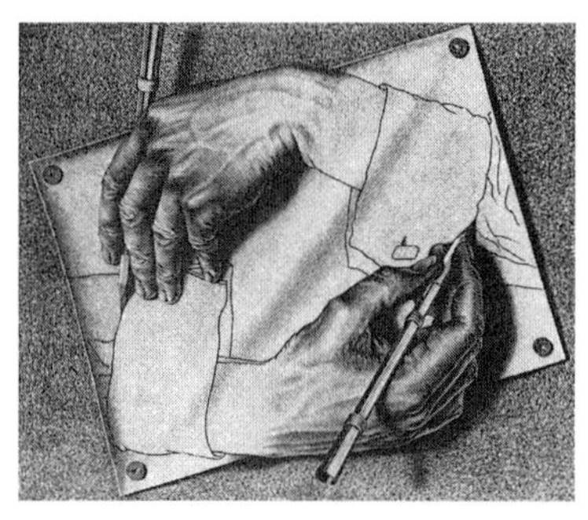

악어와 아기

그리스 철학자들은 어머니에게서 아기를 빼앗은 악어에 관한 역설을 즐겼다.

악어 : 내가 아기를 잡아먹을지 안 잡아먹을지 알아맞히면 아기를 무사히 돌려주지.

어머니 : 오오! 너는 내 아기를 잡아먹을 거야.

악어 : 어떻게 한담? 내가 아기를 잡아먹으면 어머니가 제대로 알아맞힌 게 되니까 아기를 돌려주어야 하고, 아기를 돌려주면, 못 알아맞힌 것이니까 아기를 잡아먹어야 하는데……

악어는 골치가 아파서 그냥 아기를 돌려주고 말았다. 어머니는 아기를 받자마자 재빨리 달아났다.

악어 : 망했군! 저 여자가 내가 아기를 돌려줄 것이라고만 했어도 맛있는 식사를 할 수 있었을 텐데…….

악어는 난처한 지경에 빠지고 말았다. 아기를 돌려주자니 어머니가 거짓말을 한 것이 되어 아기를 잡아먹어야 하고, 잡아먹자니 어머니가 바로 맞힌 것이 되어 돌려주어야 한다.

그러니까 어머니가 무척 현명했던 것이다. 만약 어머니가 "너는 내 아기를 돌려줄 거야"라고 말했을 경우를 검토해 보자. 그러면 악어는 아기를 돌려주든지 잡아먹든지 아무 문제도 생기지 않는다. 만약 아기를 돌려준다면 어머니가 제대로 알아맞혔고, 악어는 약속을 지킨 것이 된다. 반대로, 악어가 아기를 먹어버린다고 해도, 어머니가 답을 알아맞히지 못해 잡아먹었다고 하면 된다.

돈키호테 역설

세르반테스가 쓴 소설 『돈키호테』에는 이상한 법을 시행하는 섬나라 이야기가 나온다. 국경 경비대는 다른 나라에서 오는 사람을 붙잡으면, "여기에는 무슨 일로 왔느냐?"고 묻는다. 바른 대로 대답하면 아무 일이 없지만, 만약 거짓말을 한다면 교수형을 당한다.

어느 날, 한 사내가 국경을 넘어와 "나는 교수형을 당하러 이곳에 왔다"라고 말했다. 병사들은 악어와 마찬가지로 난처한 입장에 빠졌다. 그 사람을 교수형에 처하지 않으면, 그는 거짓말을 한 것이 되므로 법에 따라 교수형에 처해야 한다. 그러나 교수형에 처한다면, 그는 진실을 말한 것이므로 교수형에 처해서는 안 된다!

이 곤란한 문제를 해결하기 위해 병사들은 사내를 그 섬의 총독에게 데려갔다. 총독은 한참 동안 생각하더니 이렇게 선언했다. "내가 어떤 결정을 내리더라도 그것은 법을 어기는 것이 된다. 그래서 자비를 베풀어 저 사내를 풀어주도록 하겠노라."

이 교수형 역설은 『돈키호테』 제2권 제51장에 나온다. 돈키호테의 하인인 산초 판사는 어느 섬의 총독이 되면서, 방문객들에게 그 섬의 이상한 법을 성실히 집행하겠노라고 선서한다. 그러나 병사들이 이 사내를 끌고 오자, 그는 자비와 상식으로 골치 아픈 문제를 해결한다.

이 역설은 악어의 역설과 비슷하지만, 방문객이 한 말의 모호성 때문에 조금 더 복잡하다. 그가 한 말은 자신의 의지를 나타낸 것일까, 아니면 미래의 사건을 예언한 것일까? 전자의 경우라면, 자신의 의도를 정직하게 이야기한 것이므로, 당국은 그를 교수형에 처하지 않더라도 모순에 빠지지 않는다. 그러나 만약 후자의 경우라면, 어떻게 하더라도 법을 어기는 셈이 된다.

이발사의 역설

이 유명한 이발사의 역설은 버트런드 러셀이 만들어낸 것이다. 만약 어떤 이발사가 문에다가 다음과 같은 글을 써붙여 놓았다고 하자.
"나는 모든 사람들의 면도를 해주지만, 오직 스스로 면도하지 않는 사람들만 면도를 해줍니다."
그러면 이 이발사의 면도는 누가 해줄까?

만약 자신이 면도를 한다면, 그는 스스로 면도하는 사람들의 집합에 속한다. 그렇다면 그는 문에 써붙인 글에 따라 그런 사람을 면도해서는 안 된다. 따라서 그는 스스로 면도해서는 안 된다.

만약 누군가 다른 사람이 이발사를 면도해준다면, 이발사는 스스로 면도하지 않는 사람의 집합에 속하게 된다. 그런데 스스로 면도하지 않는 모든 사람은 이발사가 면도를 해주기로 되어 있다. 따라서 다른 사람이 이발사를 면도해서는 안 된다. 결국 아무도 이 이발사의 면도를 해줄 수가 없는 것처럼 보인다!

버트런드 러셀은 자신이 발견한 집합에 관한 유명한 역설을 극적으로 설명하기 위해 이발사의 역설을 만들었다. 어떤 집합은 자기 자신을 포함하고 있는 것처럼 보인다. 예를 들어, 사과가 아닌 모든 것의 집합이 있다고 하자. 그러면 그 집합 자체도 사과가 아니므로 그 집합의 한 원소가 될 수 있다. 이번에는 스스로를 포함하지 않는 모든 집합의 집합을 생각해보자. 이 집합은 스스로를 포함하는가? 어떤 대답을 하든 간에 모순에 빠지게 된다.

논리학의 역사에서 가장 극적인 한 전환점에 이 역설이 등장한다. 독일의 유명한 논리학자 고틀로프 프레게(Gottlob Frege)는 『산술의 기초』 제2권의 집필을 완성하면서 모든 수학의 기초가 될 모순 없는 집합론을 개발했다고 생각했다. 1902년, 그 책이 공장에서 인쇄되고 있을 때, 프레게는 러셀로부터 이발사의 역설에 관한 편지를 받았다. 프레게의 집합론은 스스로를 포함하지 않는 모든 집합의 집합을 허용하고 있었다. 그러나 러셀의 역설은 그러한 집합이 자기 모순을 낳는다는 걸 명백하게 보여주었다. 인쇄가 거의 끝날 시점이라 프레게는 겨우 책 뒤에 다음과 같이 시작되는 보충 설명을 달 수 있었다.

"어떤 연구를 막 이루었을 때, 공들여 이룬 그 연구의 기반이 무너지는 사태에 직면하는 것보다 더 달갑지 않은 일은 없을 것이다. 그런데 나 자신이 버트런드 러셀의 편지를 받고서 그러한 처지에 놓이게 되었다……."

프레게가 사용한 '달갑지 않은'이라는 단어는 수학사에서 가장 억제된 표현이었다고 일컬어진다.

우리는 앞으로 이러한 종류의 역설을 몇 가지 더 살펴보고, 문제를 해결하기 위한 여러 가지 접근 방법도 알아볼 것이다. 한 가지 방법은 '스스로를 포함하지 않는 모든 집합의 집합'은 집합이 될 수 없다고 규정하는 것이다. 더 극단적인 방법은 집합론에서는 스스로가 원소가 되는 집합을 허용하지 말도록 정하는 것이다.

점성술사, 로봇, 목록

모든 점성술사의 미래를 예언해주는 점성술사가 있다.
단 그는 자신의 미래를 예언하지 못하는 점성술사만 그
미래를 예언해준다. 그렇다면 이 점성술사의 미래는 누
가 예언해줄 수 있을까?

또 모든 로봇을 수리해주는 로봇이 있다. 단 이 로봇은
스스로를 수리하지 못하는 로봇만을 수리해준다. 그렇다
면 이 로봇은 어떤 로봇이 수리해줄 수 있을까?

또 모든 목록을 기록하지만, 스스로를 기록하지 않은 목
록만 기록하는 목록이 있다. 그렇다면 이 목록은 어느 목
록에 실어야 할까?

이것들은 모두 러셀이 만든 이발사의 역설을 변형시킨 것이다. 각각의 경우,
집합 S는 모든 대상을 포함하지만, 오직 자기 자신과 어떤 관계 R을 갖지 않는
대상만을 포함한다고 정의된다. 만약 집합 S 자체는 이 집합에 속하느냐고 물
으면, 역설이 발생한다. 이 역설을 변형시킨 고전적인 사례 세 가지를 더 살펴

보자.

1. 이 역설은 이것을 만들어낸 독일 수학자 쿠르트 그렐링(Kurt Grelling)의 이름에서 따와 '그렐링의 역설'이라 부른다. 모든 형용사(여기서는 편의상 형용사형도 형용사로 치기로 한다)는 자기 서술적 형용사와 비(非)자기 서술적 형용사의 두 집합으로 나눌 수 있다. 자기 서술적 형용사는 자신에 대해 설명하는 형용사를 말한다. 예를 들면, '국어의', '짧은' 등을 보면, '국어의'는 국어로 썼고, '짧은'은 짧은 단어이므로 자기 서술적 형용사이다. 그러나 '영어의'나 '긴' 등은 자신을 제대로 서술하지 못하므로 비자기 서술적 형용사이다. 그렇다면 '비자기 서술적'이라는 형용사는 어느 집합에 속할까?

2. 베리의 역설은 러셀에게 이것을 알려준 옥스퍼드대학의 도서관원 베리(G. Berry)의 이름에서 딴 것이다. 그것은 '열 단어 미만으로는 나타낼 수 없는 가장 작은 정수'에 관한 것이다. 그런데 우리는 그러한 정수를 지금 아홉 단어로 나타냈다. 그러면 그러한 정수는 어느 집합에 속하는가? 열 단어 미만으로 나타낼 수 있는 정수의 집합에 속하는가? 아니면 열 단어 미만으로는 나타낼 수 없는 정수의 집합에 속하는가? 어느 경우든지 모순에 빠진다.

3. 철학자 막스 블랙(Max Black)은 베리의 역설을 다르게 표현했다. "당신이 읽고 있는 이 책에는 많은 숫자가 나온다. 이 책에서 어떤 형태로든지 언급되지 않은 가장 작은 정수를 생각해보라"(이 말에서 이미 그 숫자를 언급하고 있다—옮긴이). 과연 그러한 숫자가 존재할까?

재미있는 사람과 재미없는 사람

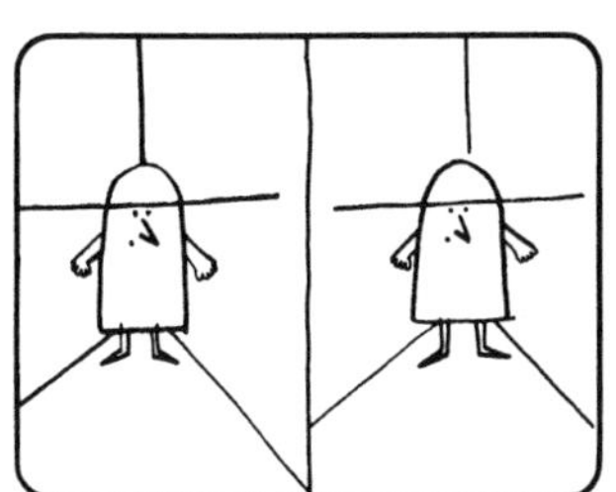

아주 재미있는 사람이 있는가 하면, 전혀 그렇지 않은 사람도 있다.

로버트 : 나는 세상에서 가장 훌륭한 럭비 선수이다.

빅토르 : 나는 발가락으로 기타를 칠 줄 안다.

니콜라스 : 나는 아무 것도 할 줄 몰라.

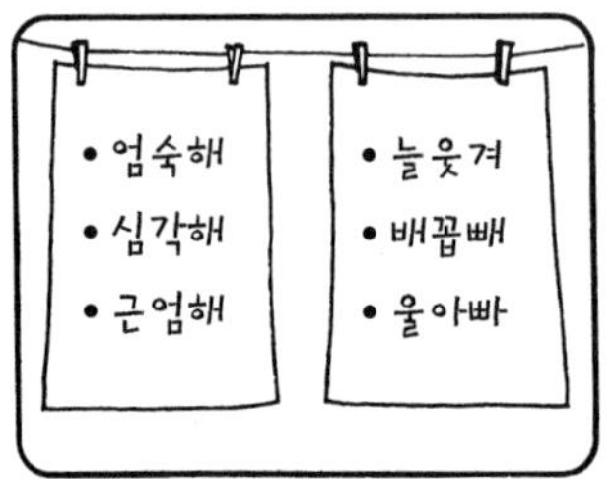

자, 이제 재미없는 사람과 재미있는 사람의 명단을 만들어보았다. 그런데 재미없는 사람 명단에는 세상에서 가장 재미없는 사람의 이름이 들어 있을 것이다.

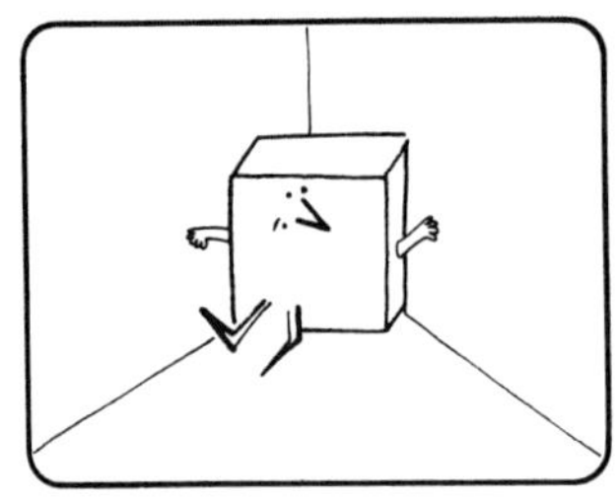

그런데 세상에서 가장 재미없는 사람이라는 사실 때문에 그 사람은 재미있는 사람이 된다.

엄숙해 : 아! 대단히 고마워요. 이제는 누군가 다른 사람이 세상에서 가장 재미없는 사람이 되겠군요. 그런데 그렇게 되면 그 사람도 또 재미있는 사람이 되지 않나요?

이 흥미로운 역설은 에드윈 베켐바흐(Edwin Bechembach)가 모든 양수는 흥미로운 존재라는 것을 증명하기 위해 만들어낸 것이다. 그는 이것을 '흥미로운 정수'라는 제목으로 1945년 4월에 〈아메리칸 매서매티컬 먼슬리〉에 발표했다.

이 증명은 과연 옳을까? 만약 둘째로 재미없는 사람을 재미있는 사람의 명단에 올리면, 그 전에 그 명단으로 옮긴 가장 재미없었던 사람은 다시 재미없는 사람이 되는가? 아니면, 여전히 재미있는 사람으로 남아 있을까? 어떤 집합에서 가장 작기 때문에 어떤 정수가 흥미롭다거나 어떤 사람이 가장 재미없기 때문에 재미있다고 하는 것이 과연 타당한가? 만약 모든 사람(또는 모든 정수가)이 재미있다면 '재미있다'는 형용사는 의미가 없어지는 것이 아닌가?

의미론적 역설과 집합론적 역설

진리값에 관한 역설을 의미론적 역설이라 하고, 사물의 집합에 관한 역설을 집합론적 역설이라 한다. 그런데 이 두 종류의 역설은 서로 밀접한 관계에 있다.

이 두 종류의 역설은 서로 다른 종류의 역설로 바꿀 수 있다. 즉 의미론적 역설은 집합론적 역설로, 또 집합론적 역설은 의미론적 역설로 바꿀 수 있다. 예를 들면, "모든 사과는 붉다."라는 집합론적 명제는 "X가 사과라는 것이 참이라면, X가 붉다는 것도 참이다."라는 의미론적 명제로 바꾸어 쓸 수 있다.

"이 문장은 거짓이다."라는 거짓말쟁이의 역설을 살펴보자. 이것은 "이 문장은 모든 틀린 문장에 속한다."라고 집합론적 명제로 고쳐 쓸 수 있다. 만약 이 문장이 실제로 모든 틀린 문장의 집합에 속한다면, 이 문장이 주장하는 바는 참이며, 따라서 이 문장은 틀린 문장의 집합에 속할 수 없다. 만약 이 문장이 모든 틀린 문장의 집합에 속하지 않는다면, 이 문장이 주장하는 바는 거짓이며, 따라서 이 문장은 틀린 문장의 집합에 속한다. 이와 유사한 방법으로 모든 의미론적 역설은 집합론적 역설로, 모든 집합론적 역설은 의미론적 역설로 바꿀 수 있다.

메타언어

의미론적 역설은 메타언어라는 도구를 사용해 해결할 수 있다. "사과는 붉다." 또는 "사과는 파랗다."처럼 세상에 대해 묘사하는 진술은 대상(對象)언어로 표현되어 있다. 한편 진리값에 관한 진술은 메타언어로 표현해야 한다.

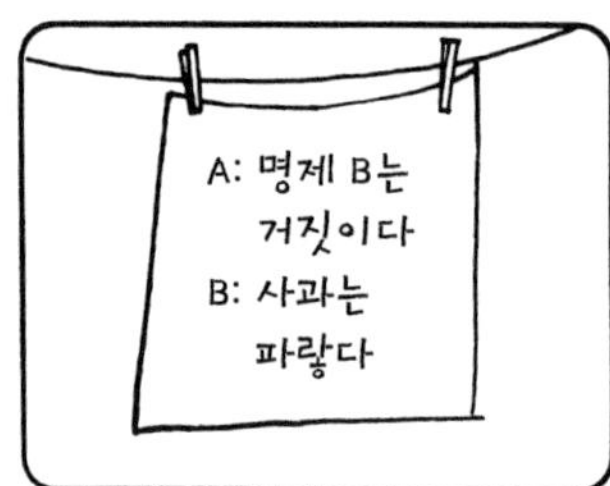

예를 들면,
A : 명제 B는 거짓이다.
B : 사과는 파랗다.
대상언어로 표현된 B 문장의 진리값을 다루는 A 문장이 메타언어로 표현돼 있기 때문에, 여기서는 아무런 역설도 생기지 않는다.

어떤 메타언어의 진리값은 어떻게 판단할 수 있을까? 그러려면 더 높은 단계의 메타언어를 사용해야 한다. 이 끝없는 사닥다리를 이루는 각각의 단은 바로 그 밑의 단에 대해서는 메타언어가 되고, 그 위의 단에 대해서는 대상언어가 된다.

메타언어(metalanguage : 언어 분석용 언어)라는 개념은 폴란드 수학자 알프레드 타르스키(Alfred Tarski)가 만들어냈다. 사닥다리의 가장 아래에 있는 단에는 대상에 관한 진술들이 위치한다. 예를 들면, "화성에는 위성이 두 개 있다."와 같은 것이다. 참이니 거짓이니 하는 단어는 이 대상언어에 나타나지 않는다. 이 문장의 참, 거짓에 대해 말하려면, 사다리의 다음 단에 있는 메타언어를 사용해야 한다. 메타언어는 대상언어 전체를 포함하지만, 그 대상언어의 진리값에 대해 말할 수 있으므로 대상언어보다 '더 풍부한' 언어이다. 타르스키가 즐겨 사용한 예를 소개해보겠다. "눈은 하얗다."는 문장은 대상언어로 표현되었지만, "눈이 하얗다는 것은 참이다."는 메타언어로 표현된 문장이다.

메타언어로 표현된 문장의 참, 거짓을 다시 논의할 수 있을까? 물론이다. 다만 이전에 사용한 모든 문장을 포함하는, 훨씬 정확하고 풍부한 더 높은 단의 메타언어를 사용해야 한다.

사닥다리의 각 단은 바로 그 위에 있는 단에 대해서는 대상언어가 된다. 또 맨 아래에 있는 단을 제외한 모든 단은 바로 그 밑에 있는 단에 대해 메타언어이다. 따라서 사닥다리의 단은 얼마든지 높이 올라갈 수 있다.

사닥다리의 처음 네 단에 들어갈 수 있는 문장의 예를 살펴보자.

A : 삼각형의 내각의 합은 180°이다.
B : A 문장은 참이다.
C : B 문장은 참이다.
D : C 문장은 참이다.

A단의 언어는 단순히 기하학적 대상에 관한 정리를 나타냈다. 이 정리를 증명한 기하학 내용은 B단의 메타언어로 쓰여졌다. 증명에 관한 책들은 C단의 메타언어로 쓰여졌다. 다행스럽게도, 수학자들은 C단보다 더 위로 올라가야 하는 경우는 거의 없다. 사닥다리의 이론적 무한성에 관해서는 루이스 캐럴(Lewis Carroll)이 『거북이가 아킬레스에게 한 말』이라는 글에서 재미있게 다루고 있다. 이 글은 존 피셔(John Fisher)가 쓴 『루이스 캐럴의 마술』과 더글러스 호프스태터가 쓴 『괴델, 에셔, 바흐』에 소개돼 있다.

유형 이론

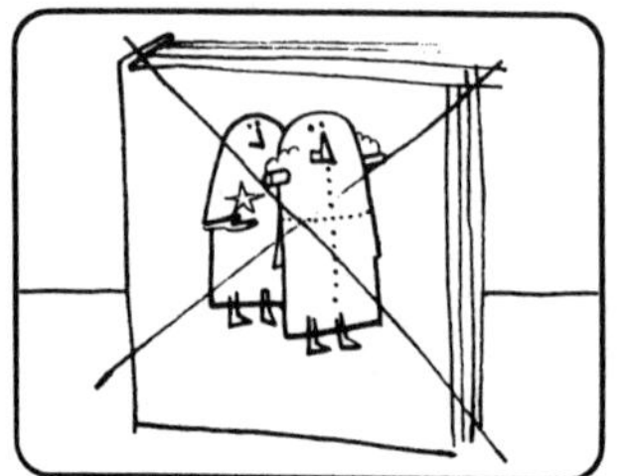

집합론적 역설도 이와 비슷한 무한의 사닥다리에서 해결된다. 집합은 스스로의 원소가 될 수 없으며, 차원이 더 낮은 다른 집합의 원소도 될 수 없다. 따라서 이발사, 점성술사, 로봇, 목록 등은 존재하지 않는다!

집합론에서 알프레드 타르스키가 고안한 메타언어의 사닥다리는 버트런드 러셀이 '유형 이론(theory of types)'이라 이름 붙인 것과 같은 것이다. 간단히 말하면, 이 이론은 집합들을 유형에 따라 계층적으로 배열함으로써 어떤 집합이 그 자신의 원소가 되는지 안 되는지 논하지 못하도록 만든다. 이렇게 하면 자기 모순적인 집합을 제거할 수 있다. 즉 모순을 낳을 수 있는 잠재적인 집합들이 존재할 수 없게 되는 것이다. 유형 이론의 규칙을 철저히 따르면, 자기 모순적인 집합을 정의할 수 없게 된다. 이것은 거짓말쟁이의 역설은 적절한 문장의 형성 규칙을 어기고 있으므로 문장이 될 수 없다는 의미론적 주장에 해당한다.

러셀은 유형 이론을 연구하는 데 오랜 세월을 보냈다. 러셀은 『나의 철학적 사고의 발달』이란 저서에서 이렇게 썼다.

『수학의 원리』를 완성한 후, 나는 역설을 궁극적으로 해결하는 방법을 찾기 위해 매달렸다. 나는 이것을 내 개인적 도전 과제로 여겼고, 필요하다면 나머지 생애를 다 바치려고 했다. 그러나 두 가지가 나를 기진맥진하게 만들었다. 첫째는 전체 문제 자체가 하찮아 보인다는 점이었고…… 둘째는 아무리 노력해도 전혀 진전이 없었다는 점이다. 나는 1903년부터 1904년까지 이 문제에 거의 모든 시간을 바쳤으나, 성공의 가능성은 털끝만큼도 보이지 않았다.

예언 불가능한 미래

예언자는 과연 유리 구슬을 통해 미래를 볼 수 있을까? 미래를 예언하려는 시도도 기묘한 논리적 역설을 낳을 수 있다.

어느 날 유명한 점쟁이 백장미는 딸 낼름이와 논쟁을 벌이게 되었다.

낼름이 : 아빠는 거짓말쟁이예요. 아빠는 미래를 정확하게 예언할 수 없어요.

백장미 : 나는 분명히 예언할 수 있단다.

낼름이 : 천만에요. 불가능해요. 난 그걸 증명할 수 있어요.

낼름이는 종이에 뭐라고 글을 써서 접은 다음, 유리 구슬 밑에 끼웠다.

낼름이 : 저 종이에는 3시 이전에 일어날 수도 있고, 일어나지 않을 수도 있는 어떤 사건을 적어놓았어요. 아빠가 그것을 제대로 알아맞힌다면, 여름 방학 때 사주기로 약속한 자동차를 사주지 않아도 좋아요.

낼름이 : 만약 그 사건이 일어난다고 생각하면, 여기 이 종이 위에 '예'라고 쓰세요. 만약에 아빠가 알아맞히지 못한다면 지금 자동차를 사주시는 거예요.

백장미 : 좋아.

점쟁이는 종이 위에 뭐라고 써넣었다. 3시가 되자, 낼름이는 유리 구슬 밑에서 종이를 꺼내어 읽었다.

"3시 이전에 아빠는 종이 위에 '아니오'라고 쓴다."

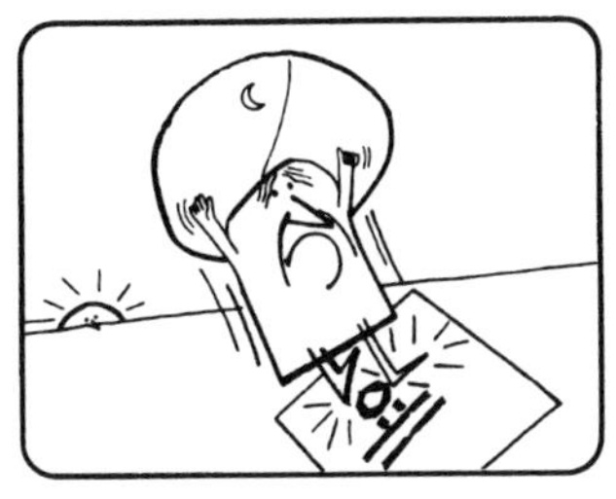

백장미 : 네가 나를 함정에 빠뜨렸구나. 내가 '예'라고 썼으니, 잘못 예언한 꼴이 되었구나. 그렇지만 '아니오'라고 썼더라도 역시 내가 잘못 예언한 것이 되지 않니? 이렇든 저렇든 어차피 나는 지게끔 돼 있었구나.

낼름이 : 아빠, 그럼 빨간 스포츠 카를 사주시는 거예요.

원래의 역설은 '예' 또는 '아니오'로만 대답할 수 있는 컴퓨터에게 다음 질문을 던지는 것이었다. "다음에 네가 대답할 말이 '아니오'인지 아닌지 예측할 수 있는가?" 이 상황에서 올바로 예측을 한다는 것은 논리적으로 불가능하다.

이 역설을 아주 간단한 형태로 고쳐보자. 어떤 사람에게 이렇게 묻는다. "이 다음에 당신이 할 말은 '아니오'입니까? '예' 또는 '아니오'로 대답하시오."

이 역설은 거짓말쟁이 역설과 똑같은가? 상대방이 대답한 '아니오'의 진짜 의미는 무엇인가? 그것은 명백히 "내가 대답할 말은 '아니오'가 아닙니다"란 의미일 것이다. 이것은 '이 문장은 틀렸다'와 같은 결과가 된다. 따라서 예언자 역설은 거짓말쟁이 역설의 변형으로 볼 수 있다.

그리고 '이 문장은 진실이다'라는 명제가 역설을 낳지 않는 것처럼 '당신이 다음에 할 말은 예입니까?'라는 질문도 역설을 낳지 않는다는 점에 주목하라. 질문을 받은 사람은 아무 모순에 빠지지 않고 '예' 또는 '아니오'로 대답할 수 있다. 악어의 역설에서 보았듯이, 이것은 어머니가 "너는 내 아기를 돌려줄 거야"라고 대답할 경우, 악어가 아기를 잡아먹거나 돌려주더라도 아무런 모순이 생기지 않는 것과 마찬가지이다.

예측 불가능한 호랑이

공주 : 아빠, 저는 온달과 결혼하고 싶어요.

왕 : 좋아. 단 온달이 저 다섯 개의 문 뒤 어딘가에 숨어 있는 호랑이를 잡아 죽이기만 한다면 말이다. 온달은 문을 1번부터 차례로 열어야 한다. 온달은 문을 열기 전에는 호랑이가 어디에 있는지 절대로 알 수가 없어. 그 호랑이는 예측 불가능한 호랑이거든.

문 앞에 선 온달은 생각했다.

온달 : 만약 처음 네 개의 문을 열었는데도 호랑이가 나오지 않았다면, 마지막 다섯 번째 문 뒤에 호랑이가 숨어 있다는 것을 알 수 있다. 그러나 왕은 호랑이가 어디에 있는지 사전에 절대로 알 수 없다고 했으므로, 호랑이는 다섯 번째 문 뒤에는 숨어 있을 수가 없다.

온달 : 따라서 다섯 번째 문은 일단 제외하자. 호랑이는 나머지 네 개의 문 중 어느 하나에 숨어 있을 것이다. 그런데 이번에는 세 개의 문을 열었는데도 호랑이가 나타나지 않는다면? 호랑이는 분명히 네 번째 문 뒤에 숨어 있을 것이다. 그렇다면 이 역시 예측이 가능하기 때문에 네 번째 문 뒤에도 호랑이가 숨어 있을 수 없다.

마찬가지 논리로 온달은 호랑이가 세 번째 문 뒤에도 두 번째 문 뒤에도 그리고 첫 번째 문 뒤에도 숨어 있지 않다는 것을 증명할 수 있었다. 그는 우쭐해서 소리쳤다.

온달 : 어느 문 뒤에도 호랑이 따위는 없다. 만약 있다고 한다면 그것을 예측 못할 까닭이 없다.

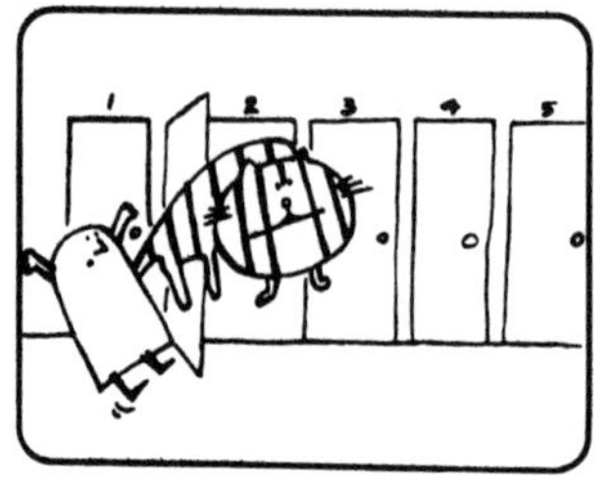

호랑이가 없다는 것을 증명한 온달은 서둘러 문을 열기 시작했다. 그러나 전혀 예기치 못하게 호랑이는 두 번째 문에서 튀어나왔다. 왕이 한 말은 사실이었다. 지금까지 논리학자들은 온달의 추론에서 무엇이 잘못되었는지에 대해 일치된 의견을 내놓지 못했다.

예측 불가능한 호랑이 역설은 변형된 형태가 여러 가지 있다. 그 기원은 정확히 알 수는 없으나, 1940년대 초에 한 교수가 학생들에게 다음 주중에 불시에 시험을 볼 것이라고 예고한 것이 최초의 형태로 알려져 있다. 교수는 학생들에게 그 날이 오기 전까지는 누구도 시험 날짜를 정확하게 추론할 수 없다고 장담한다. 그런데 한 학생이 그 주일의 마지막 날에는 시험이 있을 수 없다는 것을 '증명'하고, 마찬가지로 그 전날도 또 그 전날도 그렇게 해 결국 그 주에는 시험이 있을 수 없다는 것을 증명하였다. 그러나 교수는 수요일에 시험을 치렀다.

1953년, 하버드대학의 철학 교수 콰인(W. Quine)은 이 역설에 관한 논문을 썼는데, 그가 든 예에는 한 죄수를 불시에 교수형에 처할 것이라고 선언하는 교도소장이 나왔다. 이 역설에 관한 자세한 내용을 알고 싶으면, 내가 쓴 책 『예측 불가능한 교수형과 그 밖의 수학적 오락거리』 제5장을 보라.

대부분의 사람들은 온달의 추론에서 첫 번째 단계는 옳다고 인정한다. 즉 호랑이가 맨 마지막 문 뒤에 숨어 있을 수는 없다. 그러나 이것을 올바른 추론으로 인정한다면, 다음 단계의 추론도 옳은 것으로 인정하지 않을 수 없다. 호랑이가 맨 마지막 문에 있을 수가 없다면, 마찬가지 논리로 네 번째 문에도 호랑이가 있을 수 없고, 결국에는 어느 문에도 호랑이가 있을 수 없다.

온달의 추론은 처음부터 잘못되었던 것이다. 온달이 마지막 문을 제외한 나머지 문을 전부 다 열었다고 가정하자. 그는 그 문 뒤에 호랑이가 숨어 있지 않다고 결론 내릴 수 있을까? 아니다. 만약 그가 그런 결론을 내리고 문을 연다면, 그는 호랑이로부터 예상치 못한 공격을 받게 될 것이다. 사실 이 역설은 단 하나의 문을 놓고 묻더라도 성립한다.

항상 참말만 하는 할아버지가 여러분에게 상자를 하나 주면서 이렇게 말했다고 하자. "상자를 열면, 네가 예상치 못한 달걀이 들어 있을 것이다." 여러분은 이 말에서 상자 속에 달걀이 들어 있을지 없을지 추론할 수 있는가? 만약 할아버지의 말이 옳다면, 상자 속에는 달걀이 들어 있을 테지만, 여러분이 그것을 예상한다면 할아버지의 말은 틀린 것이 된다. 반면에 이 때문에 여러분이 상자 속에는 달걀이 들어 있을 리 없다고 결론 내린다면(이 경우에는 할아버지의 말이 거짓이 된다), 상자 속에는 예상치 못하게 달걀이 들어 있을 것이고, 할아버지의 말은 참말이 된다.

왕은 자기가 한 약속을 꼭 지킨다는 사실을 알고 있는 반면, 온달은 그것을 알 방법이 없다는 데 논리학자들의 의견이 일치한다. 따라서 온달은 맨 마지막 문을 포함하여 어느 문 뒤에도 호랑이가 없다는 추론을 할 수가 없다.

뉴콤의 역설

어느 날 다른 은하에서 온 외계인 오메가가 지구에 도착했다.

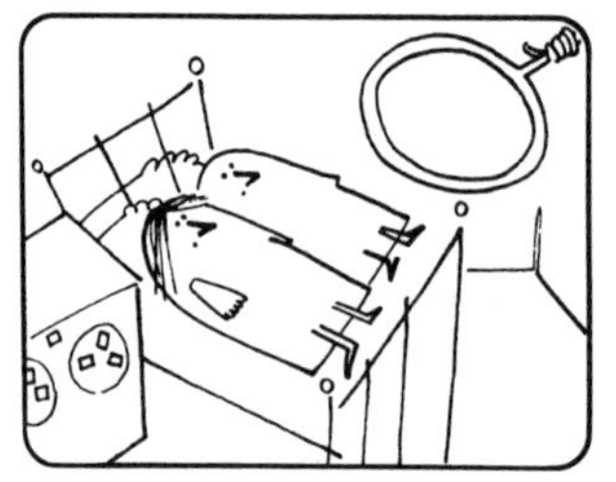

오메가는 사람의 뇌를 조사할 수 있는 첨단 장비를 가지고 있었다. 두 가지 선택이 주어졌을 때, 그 사람이 어느 쪽을 택할지 오메가는 아주 정확하게 예측할 수 있었다.

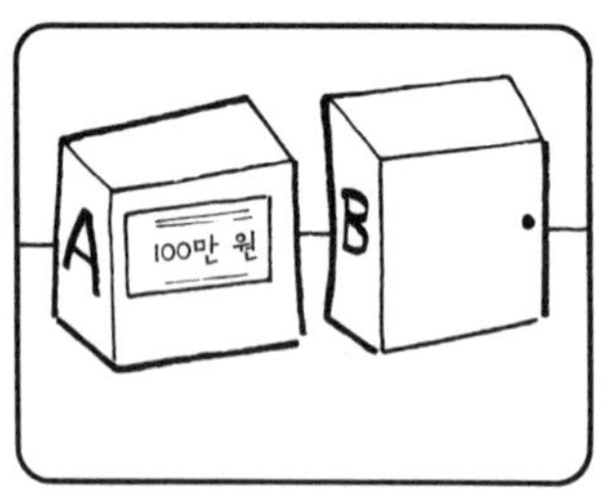

오메가는 두 개의 상자를 이용하여 많은 사람들에게 실험을 해보았다. 상자 A는 투명한 상자로, 그 속에는 1만 원짜리 지폐 100장이 들어 있다. 상자 B는 불투명하여 속에 무엇이 들어 있는지 알 수 없는데, 1억 원이 들어 있거나 텅 비어 있다.

오메가는 실험 대상이 된 사람들에게 이렇게 말했다.
오메가 : 당신은 두 가지 중 하나를 선택할 수 있다. 하나는 상자 두 개를 모두 집어 그 속에 든 것을 모두 가지는 것이다. 그러나 이 경우에는 내가 당신의 마음을 미리 예측하여 상자 B에 아무 것도 넣어놓지 않을 것이다. 따라서 이 경우에 당신은 100만 원만 가지게 될 것이다.

"

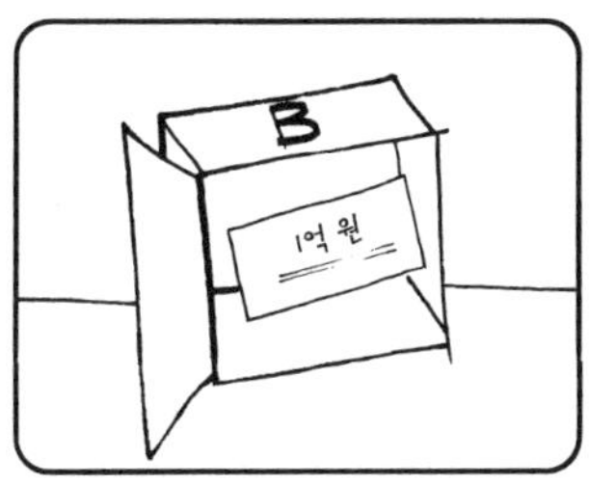

오메가 : 또 하나는, 상자 B만을 선택하는 것이다. 이 경우에는 내가 당신의 마음을 미리 예측하여 상자 B에 1억 원을 넣어놓을 것이다. 그러면 당신은 1억 원을 가질 수 있다.

신중해는 상자 B만을 선택하기로 결정했다. 그는 이렇게 생각했다.

신중해 : 나는 오메가가 수백 명의 사람에게 실험한 결과를 지켜보았다. 그 어느 경우에도 그의 예측은 정확하게 들어맞았다. 상자 두 개를 모두 선택한 사람들은 100만 원밖에 얻지 못했다. 그러므로 상자 B만을 선택한다면 나는 1억 원을 얻게 될 것이다.

그런데 실속차려 양은 상자 두 개를 모두 갖기로 결정했다.

실속차려 양 : 오메가는 이미 미리 예측을 했고, 지금 이 자리에 없다. 따라서 상자 B에 들어 있는 것이 변할 리가 없다. 즉 원래 비어 있던 것이면 지금도 비어 있을 것이고, 원래 1억 원이 들어 있었으면 지금도 그대로 들어 있을 것이다. 그러므로 나는 상자 두 개를 모두 갖겠다.

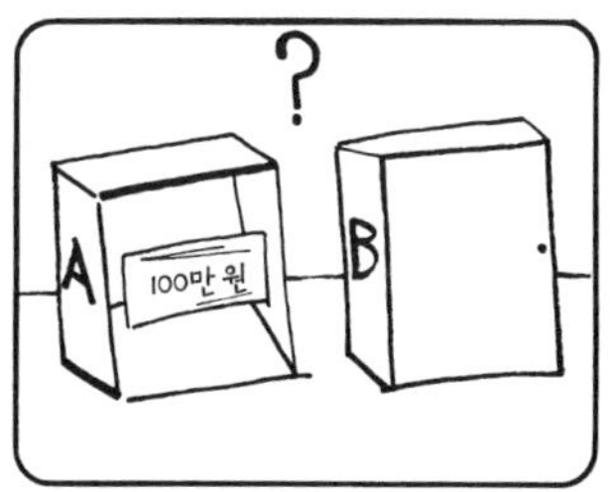

여러분 생각에는 어느 쪽이 나은 선택을 한 것 같은가? 두 가지 생각이 모두 옳을 수는 없다. 어느 쪽이 잘못되었는가? 잘못되었다면 무엇이 잘못되었는가? 이것은 새로운 역설인데, 전문가들도 아직 이것을 해결하는 법을 알지 못한다.

이 역설은 예언자 역설 중에서 가장 최근에 나온 것이면서 또 가장 골치 아픈 역설이다. 이 역설은 물리학자 윌리엄 뉴콤(William Newcomb)이 만들어냈기 때문에 '뉴콤의 역설'이라 부른다. 그리고 하버드대학의 철학 교수 로버트 노직(Robert Nozick)이 이 역설을 최초로 발표하고 분석했다. 그가 사용한 분석 방법은 주로 '게임 이론'과 '결정 이론'에 바탕한 것이었다.

상자 B만을 선택하겠다는 '신중해'의 결정은 쉽게 이해할 수 있다. 그런데 '실속차려' 양의 논리를 좀더 잘 이해하려면, 오메가가 떠나고 지금 이 곳에 없다는 점에 주목해야 한다. 상자 B는 텅 비어 있을 수도 있고 1억 원이 들어 있을 수도 있지만, 오메가가 떠난 뒤에 그 속이 변할 수는 없다. 즉 비어 있든 돈이 들어 있든 처음 상태 그대로일 수밖에 없다. 그러면 두 가지 경우를 검토해보자.

만약 상자 B에 1억 원이 들어 있고, 실속차려 양이 상자 B만을 선택한다면 1억 원을 얻을 것이다. 그러나 상자 두 개를 모두 선택한다면, 1억 원＋100만 원을 얻을 것이다.

만약 상자 B가 비어 있는데, 실속차려 양이 상자 B만을 선택한다면, 그녀는 아무 것도 얻지 못할 것이다. 그러나 상자 두 개를 모두 선택한다면, 최소한 100만 원은 건질 수 있다.

따라서 어느 경우든 그녀는 상자 두 개를 모두 선택함으로써 100만 원을 더 얻을 수 있다.

이 역설은 어떤 사람이 자유 의지를 믿느냐 믿지 않느냐를 보여주는 일종의 '리트머스 시험지'이다. 상자 두 개를 선택하는 사람은 자유 의지를 믿는 사람이고, 상자 B만을 선택하는 사람은 결정론을 믿는 사람이다. 두 부류의 사람은 서로 거의 반반씩 갈린다. 또 어떤 사람들은 미래가 완전히 결정돼 있느냐 아니냐에 상관없이 이 역설의 전제 조건이 모순이라고 주장한다.

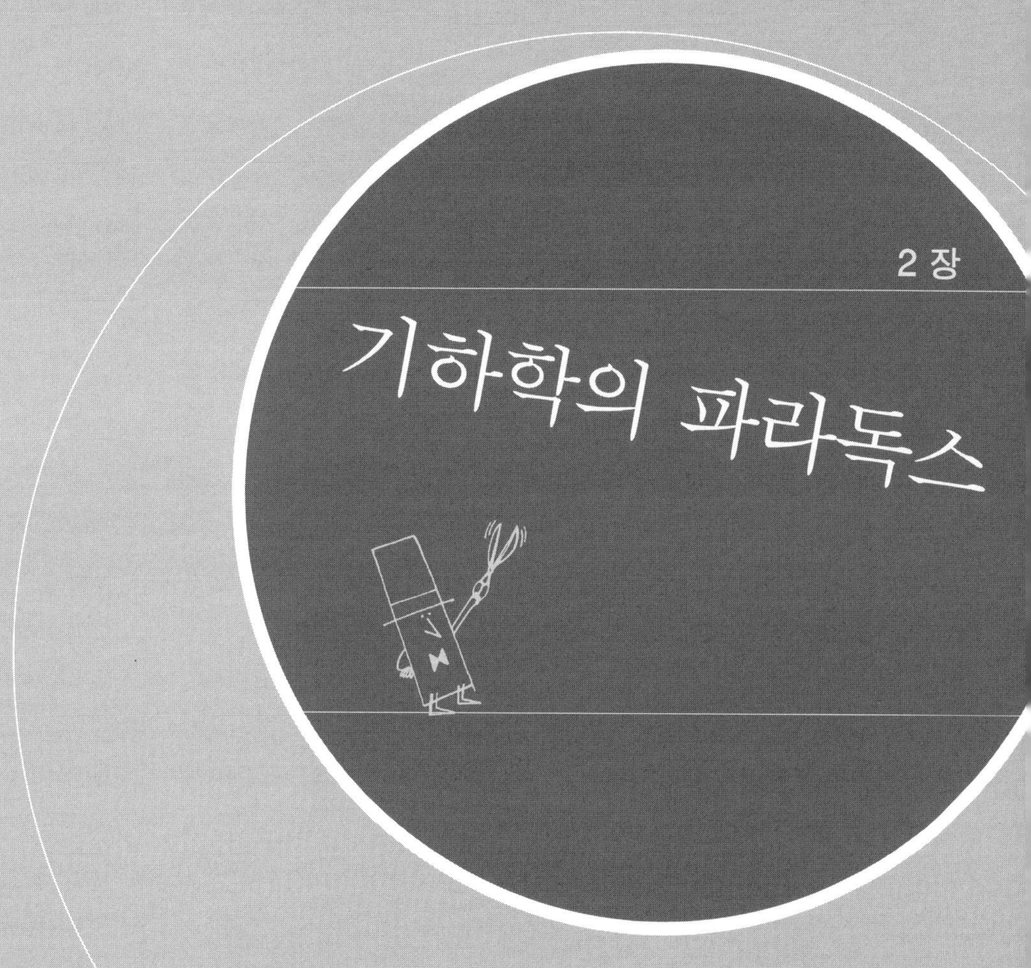

2 장

기하학의 파라독스

기 하 학 의 파 라 독 스

기하학이라고 하면 대부분의 사람들은 평면도형의 성질을 다루는 유클리드 기하학을 생각한다. 그러나 이 장에서 다루는 기하학은 좀더 넓은 의미의 기하학, 다시 말해서 100여 년 전에 펠릭스 클라인(Felix Klein)이 정의한 것처럼 어떤 변환 집합에 대해서도 변하지 않고 일정하게 유지되는 도형의 성질을 다루는 기하학을 말한다.

클라인이 생각한 기하학은 현대 수학에서 가장 획기적이고도 통합적인 개념이다. 유클리드 평면기하학과 공간기하학에서 허용되는 변환은 평행 이동, 거울 반사, 회전, 확대 또는 축소뿐이다. 더 극단적인 변환이 허용되는 정도에 따라 아핀 기하학, 사영기하학, 위상기하학, 그리고 도형을 점들로 분해해 재배열할 수 있는 집합론이 정의된다.

스위스 심리학자 장 피아제(Jean Piaget)는 아이들은 위의 순서와 반대로 기하학적 성질을 이해한다고 주장했다! 예를 들면, 아주 어린 아이는 오각형과 육각형의 차이(유클리드 기하학)보다는 빨간 구슬 더미와 파란 구슬 더미의 차이(집합론)나 닫힌 고무 밴드와 열린 고무 밴드의 차이(위상기하학)를 더 쉽게 구별할 수 있다.

위상기하학은 어떤 대상에 연속적으로 변형이 일어나도 변하지 않는 성질을 다루는 기묘한 기하학이다. 잘라서 다시 붙이지 않는 한, 마음대로 비틀거나 구부릴 수 있는 탄성 고무로 이루어진 물체가 그 대상인 셈이다. 예를 들어 면이 하나뿐인 성질은 뫼비우스의 띠가 지닌 위상기하학적 성질이다. 뫼비우스의 띠가 탄성 고무로 만들어졌다고 상상할 경우, 그것을 아무리 비틀거나 꼬아도 면이 하나뿐인 성질은 변하지 않기 때문이다. 이 장에 등장하는 여러 가지 역설, 예컨대 팔찌 땋기, 원환면 뒤집기, 고정점 정리 등은 위상기하학의 성질에 관한 것이다.

이 장에서는 특히 문자 B 같은 비대칭적 도형을 거울에 비춘 모습으로 변화시키는 반사 변환을 강조했는데, 그것은 흥미로운 많은 역설의 바탕이 될 뿐만 아니라, 현대 기하학과 과학에서 중요한 역할을 했기 때문이다. 거울 대칭은 화학, 특히 분자식이 같으면서도 좌선형과 우선형의 두 가지 형태의 물질이 존재할 수 있는 유기화학 분야에서 필수적으로 고려해야 한다. 거울 대칭은 결정학(結晶學), 생물학, 유전학, 입자물리학에서도 중요하게 사용된다.

여기에 소개된 역설은 처음에는 단순히 호기심을 자극하는 정도로 보일지 모르지만, 그것들은 여러분을 군론(群論), 논리학, 수열, 무한급수, 극한값 등 수학의 중요한 개념에 자연스럽게 안내해줄 것이다. 기하학을 공부하는 학생들은 자와 컴퍼스를 사용한 작도, 정리의 단계별 증명 등에 매달린 나머지 기하학과 다른 수학 분야의 흥미로운 관계를 보지 못하며, 또 기하학이 천문학, 물리학 및 다른 과학 분야에 얼마나 아름답게 무한히 응용되는지 알지 못하는 경우가 많다.

도는 물체의 주위를 도는 문제

엉뚱이는 새침이를 보려고 나무 주위를 한 바퀴 돌았다. 그런데 새침이는 코를 나무에 바짝 붙이고, 엉뚱이에게 보이지 않도록 나무 주위를 돌았다. 두 사람은 이런 식으로 나무 주위를 한 바퀴 돌아 처음의 출발점으로 돌아왔다. 그러면 과연 엉뚱이는 새침이의 주위를 한 바퀴 돈 것일까?

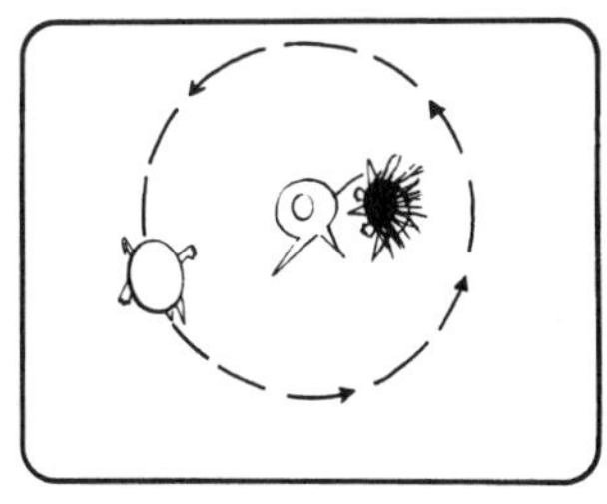

엉뚱이 : 물론이지. 나는 나무 주위를 한 바퀴 돌았으니까.

새침이 : 천만의 말씀! 그 곳에 나무가 없었다고 하더라도, 엉뚱이는 결코 내 등을 보지 못했어. 어떤 사물의 주위를 다 보지 못했는데, 어떻게 그 주위를 한 바퀴 돌았다고 할 수 있어?

옛날의 역설에는 사냥꾼과 다람쥐가 주인공으로 등장한다. 다람쥐는 나무 그루터기 위에 앉아 있고, 사냥꾼은 다람쥐 주위를 도는데, 다람쥐도 나무 그루터기 위에서 돌기 때문에 사냥꾼의 눈에는 항상 다람쥐 앞모습만 보인다. 나무 그루터기 주위를 한 바퀴 돌았을 때, 사냥꾼은 다람쥐의 주위를 한 바퀴 돈

것일까, 아닐까?

잘 생각해보면, 사전에 '주위'라는 말의 정의를 약속해두지 않으면 이 질문에 답하는 것이 불가능함을 알 수 있다. 일상 대화에 사용되는 대부분의 용어는 정의가 엄밀하지 않다. 윌리엄 제임스(William James)는 고전적인 철학 저서『실용주의』에서 사냥꾼과 다람쥐의 역설을 아주 흥미롭게 다루었다. 그는 그것을 순전히 의미론적 불일치를 보여주는 대표적인 예로 제시했다. 서로 견해를 달리하며 다투던 사람들도 용어의 정의를 일치시키는 순간 서로의 견해 차이가 사라지고 만다. 격렬한 논쟁을 불러일으키는 다른 수많은 문제들도 용어의 정의에 좀더 신경을 쓴다면 사소한 문제가 되고 마는 경우가 흔하다.

달의 미스터리

이것은 앞의 이야기와 비슷한 역설이다.

맹 교수 : 달은 지구에서 볼 때, 항상 앞면만 보이고 뒷면은 결코 보이지 않는다. 그렇다면 달이 지구 주위를 한 바퀴 돌았을 때, 달은 자신의 자전축을 중심으로 한 바퀴 돌았다고 할 수 있을까?

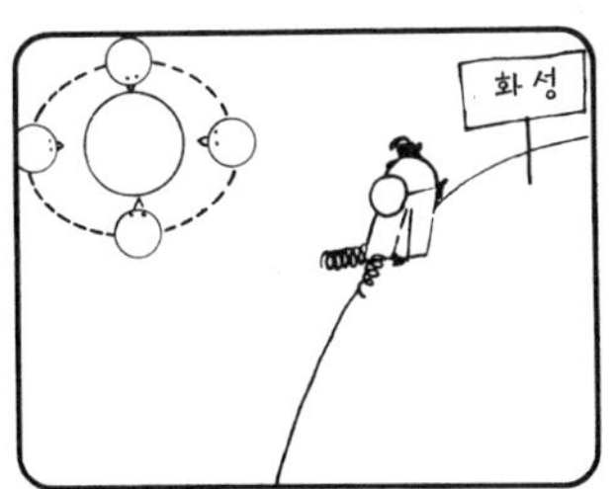

달동네 박사 : 천문학자로서 나는 달이 한 바퀴 자전했다고 감히 말한다. 만약 화성에서 달을 본다면, 달이 지구 주위를 한 바퀴 돌 때마다 자전축을 중심으로 한 바퀴 자전하는 것을 관측할 수 있다.

꼬마 : 그렇지만 아빠, 어떻게 달이 자전을 한다고 말할 수 있어요? 달이 스스로 한 바퀴를 돈다면, 우리는 달의 앞면뿐만 아니라 뒷면까지도 볼 수 있어야 하잖아요? 그렇지만 우리에게는 달의 앞면밖에 보이지 않잖아요.
자, 과연 달은 자전을 하는가? 엉뚱이는 새침이 주위를 한 바퀴 돌았을까? 이것들은 가치가 있는 역설일까, 아니면 단순히 용어의 정의를 둘러싼 하찮은 논쟁일까?

앞의 경우와 마찬가지로 이것 역시 용어의 정의를 둘러싼 논쟁에 지나지 않는다. '자신의 자전축을 중심으로 한 바퀴 돈다'는 말의 의미는 정확하게 무엇인가? 지구에서 볼 때에는 달은 자전하지 않는다. 그러나 지구와 달을 벗어난 우주 공간에서 보면 달은 분명히 자전을 한다.

믿기 어렵겠지만, 과학자들은 이 역설을 아주 진지하게 다루었다. 오거스터스 드 모르간(Augustus de Morgan)은 자신의 저서 『역설 모음집』 제1권에서, 달이 자전한다는 주장을 공격하는 19세기의 소논문을 다수 인용했다. 런던의 아마추어 천문학자 헨리 페리걸(Henry Perigal) 역시 그러한 주장을 굽히지 않았다. 그의 묘비명을 읽어보면, 그가 평생 동안 천문학을 연구한 주목적은 다른 사람에게 달이 자전하지 않는다는 사실을 납득시키기 위한 것이었음을 알 수 있다. 페리걸은 자신의 주장을 증명하기 위해 "그러한 노력이 아무 소용 없는 것이라는 실망을 계속 맛보면서도 영웅적인 낙천성을 지니고" 소책자도 여러 편 쓰고 모형도 만들었으며, 심지어 시까지 썼다.

달의 미스터리와 밀접한 관계가 있는 간단한 역설이 하나 있다. 지름이 똑같은 원반 두 개가 서로 가장자리가 닿아 있다고 하자. 그 가운데 하나가 다른 원반 주위를 한 바퀴 돌아서(그 가장자리가 톱니처럼 맞물리며 돌아간다고 하자) 다시 제자리로 돌아왔다고 할 때, 이 원반은 몇 바퀴 자전했을까? 대부분의 사람들은 1회전이라고 대답할 것이다. 그러나 동전 두 개를 꺼내 직접 한번 실험해보라. 놀랍게도 2회전을 한다는 사실을 발견할 것이다.

정말로 그럴까? 달의 미스터리와 마찬가지로 모든 것은 어떤 관점에서 보느냐에 따라 달라진다. 움직이지 않는 동전 위에서 보면 다른 동전은 1회전밖에 하지 않는다. 그러나 밖에서 보면 2회전을 한다. 1867년, 〈사이언티픽 아메리칸〉지에서 이 문제를 처음 발표했을 때, 이 문제는 격렬한 논쟁을 불러일으켰으며, 서로 반대 견해를 주장하는 독자들의 편지가 홍수처럼 밀려들었다.

대부분의 독자들은 동전의 역설이 달의 역설과 비슷하다는 사실을 알아챘다. 동전이 1회전밖에 안 한다고 주장하는 사람들은 달도 전혀 자전하지 않는다고 주장했다. 한 독자는 편지에서 이렇게 썼다. "만약 당신의 머리 주위로 고양이를 빙빙 돌린다면, 고양이의 머리와 눈과 척추도 각각 그 자전축을 중심으로 도는가? 그리고 고양이는 아홉 바퀴를 돌고 나면 죽는가?"

독자들의 편지가 하도 많이 날아오자, 편집자들은 1868년 4월 더 이상 그 문제를 다루지 않겠으며, 새로운 월간지 〈더 휠〉에서 계속 다루겠다고 선언했다. 〈더 휠〉지는 최소한 한 호에서 독자들이 자신의 주장을 증명하기 위해 만들어 보낸 정교한 장치의 그림까지 곁들여 그 문제를 다루었다.

천체의 자전에서는 관성 효과가 나타나는데, 그것은 '푸코의 진자' 같은 장치로 측정할 수 있다. 달에 푸코의 진자를 설치하면, 실제로 달도 자전한다는 사실을 알 수 있다. 이것은 관측자의 관점에 상관 없이 달이 자전한다는 사실을 확립시켜줄까?

놀랍게도 일반 상대성 이론에 따르면 그렇지 않다. 달은 전혀 자전하지 않고, 나머지 우주 전체가 달 주위를 돈다고 볼 수도 있다. 이러한 우주의 회전은 중력장을 만들어내는데, 그 효과는 정지하고 있는 우주 속에서 자전하는 달이 만들어내는 관성과 똑같다. 물론 우주가 정지하고 있다고 보는 편이 훨씬 편리하다. 그러나 엄격하게 말해서, 상대성 이론에서는 어떤 물체가 '정말로' 자전하느냐 정지해 있느냐 하는 것은 아무 의미가 없는 질문이다. 오직 상대 운동만이 존재할 뿐이다.

거울의 마술

거울도 우리를 헷갈리게 만들 때가 있다. 몽봉이와 홀쭉이는 어느 날 파티에 초대를 받았다. 그런데 파티에 참석하는 사람은 각자 이름표를 달아야 한다.

홀쭉이 : 몽봉아, 거울이란 참 이상하구나. 내 이름은 좌우가 바뀌었는데, 네 이름은 그대로잖아?

거울에 비친 모습이 왼쪽과 오른쪽 방향만 바뀐다는 사실이 신비롭지 않은가? 왜 위아래 방향으로는 바뀌지 않을까?

사실은, 거울은 거울면에 대한 수직 거리만큼 물체의 상을 반사할 뿐이다. 그림에서 공 세 개는 거울에 대해 직각 방향으로 순서대로 늘어서 있기 때문에, 거울 속에서는 그 순서가 뒤바뀌게 된다.

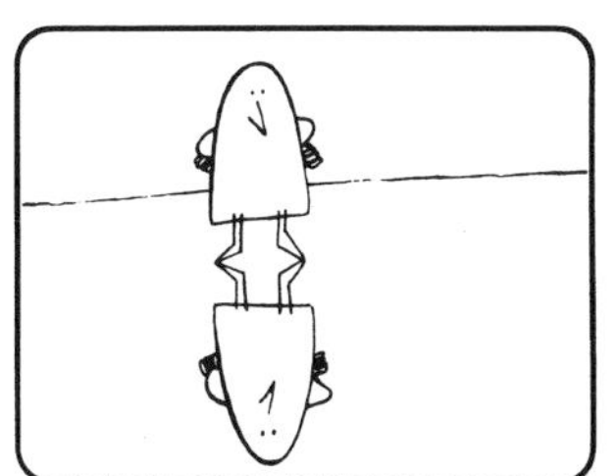

만약 여러분이 거울 위에 서 있다면, 위아래 방향의 축이 거울면에 대하여 수직을 이룬다. 그래서 앞뒤 방향과 좌우 방향은 그대로이지만, 이번에는 위아래 방향이 뒤집힌다.

몸을 옆으로 돌린 채 거울 앞에 서면, 몸의 좌우 방향의 축이 거울에 대해 수직이 된다. 이 경우에는 머리는 여전히 위에 있지만, 왼쪽과 오른쪽이 뒤바뀐다.

이번에는 거울을 정면으로 보고 서 있다고 치자. 머리는 위쪽에 있고, 왼쪽도 그대로 왼쪽이다. 그러나 거울 속에 비친 여러분의 모습은 돌아서서 여러분을 마주 보고 있다. 거울 속의 왼쪽 손은 여러분이 거울 뒤로 돌아가 그런 자세로 섰을 때에는 오른손에 해당하기 때문에, 우리는 왼쪽과 오른쪽이 뒤바뀌었다고 말한다.

이 거울에서는 왜 야구라는 글자만 바뀌었을까? 사실은 이마도 위아래가 바뀌었으나, 글자 자체가 지닌 대칭성 때문에 바뀐 뒤에도 똑같아 보일 뿐이다.

거울 두 개를 90° 각도로 붙여놓았을 때에는 어떤 일이 일어날까? 이 거울에서는 왼쪽과 오른쪽이 바뀌지 않는다. 이 아가씨가 거울 속에서 보는 모습은 평소에 다른 사람들이 이 아가씨를 보는 것과 똑같다.

'몽봉'이라는 글자가 거울 속에서 변하지 않은 것은 모든 자음과 모음이 수직축에 대해 좌우 대칭이기 때문이다. 똑같은 이유로 '홀쭉'에서 모음 'ㅗ'와 'ㅜ'는 다른 자음과 모음이 변했는데도 그대로 있다.

거울은 왜 왼쪽과 오른쪽 방향만 바꾸고 위아래 방향은 바꾸지 않을까? 달과 동전의 역설과 마찬가지로, 이 역설도 '왼쪽'과 '오른쪽', '거꾸로' 등의 용어를 정확히 정의하지 않은 데서 문제가 발생한다. 거울의 작용에 관한 더 자세한 이야기는 필자가 쓴 『양손잡이 우주』의 1~3장을 참고하라. 이 책에는 거울 대칭과 그것이 과학과 일상생활에서 담당하는 역할에 관해 자세히 설명되어 있다.

'이마'라는 글자는 '몽봉'과는 달리 수평축에 대해 대칭이다. 그래서 이 글자 위쪽에 놓은 거울 속에서 모양이 바뀌지 않는다. '야구'라는 글자에서 '야'는 수평축에 대해 대칭인 글자이기 때문에 원래의 모양을 그대로 유지하고, '구'자만 거꾸로 보인다.

이렇게 놓인 거울 속에서 모양이 변하지 않는 단어들로는 어떤 것이 있을까? 수평축에 대하여 대칭인 글자들이 어떤 것이 있는지 알아보면 된다. 이러한 글자들로 이루어진 단어는 거울 속에서도 모습이 바뀌지 않는다. 예를 들면, '다다미', '아이', '파마', '어머', '아야', '이마', '응아' 등이 있다.

좌우 방향이 바뀌지 않고 다른 사람들이 보는 것과 똑같이 여러분의 모습을 비춰주는 거울을 만들려면, 거울 두 개를 90° 각도로 붙여놓으면 된다(주의할 점은 거울 속의 상이 하나만 생기도록 거울과의 거리를 적당히 해야 한다). 그리고 얼굴 중심이 두 거울이 만나는 가운데 부분에 오도록 하라. 자, 이제 왼쪽 눈으로 윙크를 해보라. 놀랍게도 거울 속에 비친 여러분도 오른쪽이 아니라 왼쪽 눈으로 윙크를 할 것이다. 이것은 여러분의 모습이 각각의 거울에 한 번씩 두 번 반사되어 왼쪽과 오른쪽이 뒤바뀌기 때문이다.

이 거울에 비친 여러분의 모습은 좀 낯설어 보일 것이다. 이것은 평소에 왼쪽과 오른쪽이 뒤바뀌어 보이는 거울에 비친 모습에 익숙해 있기 때문이다. 비록 사람의 얼굴은 대체적으로 좌우 대칭이지만, 왼쪽과 오른쪽 얼굴이 완전히 똑같은 경우는 아주 드물다. 그래서 왼쪽과 오른쪽이 뒤바뀌지 않은 진짜 자기의 모습을 볼 때, 대부분의 사람들은 평소에 거울에서 보던 얼굴과 왼쪽과 오른쪽이 뒤바뀐 미세한 차이 때문에 낯설게 느껴진다. 그러나 바로 그 얼굴이야말로 세상 사람들이 바라보는 여러분의 본모습이다. 오히려 일상적인 거울에 비친 여러분의 모습이야말로 다른 사람들에게 낯설게 보일 것이다.

이중 거울의 작용을 여러분이 제대로 이해했는지 확인해보고 싶으면, 이번에는 접는 거울의 축을 수직이 아니라 수평 방향으로 놓으면 거울에 어떤 모습이 비칠지 상상해보라. 거울에는 여러분의 모습이 위아래가 뒤바뀌어 나타날 것이다. 이 거울에 비친 모습도 왼쪽과 오른쪽이 뒤바뀌지 않고 제대로 보일까? 그렇지 않다. 왼쪽 눈을 깜박이면, 거울 속의 얼굴은 오른쪽 눈을 깜박일 것이다.

이러한 거울의 마술은 변환기하학에서 대칭과 반사를 연구하는 데 훌륭한 기초가 된다. 이러한 역설들은 기초적인 변환 이론을 적용하여 모두 설명할 수 있다.

대착각

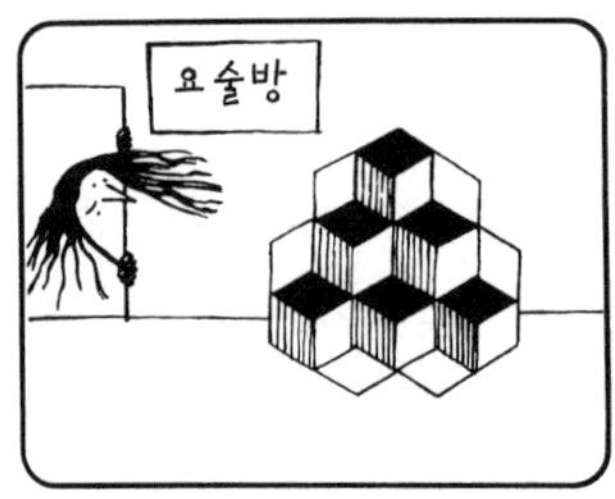

맹 교수 : 이 그림에서 정육면체의 수는 몇 개인가? 여섯 개인가? 일곱 개인가?

이 그림은 젊은 아가씨를 그린 것인가? 아니면 늙은 할머니를 그린 것인가?

이것은 무엇을 그린 것이라고 생각하는가? 모퉁이에 작은 육면체가 하나 놓여 있는 것인가? 아니면 큰 블록 옆에 육면체가 하나 붙어 있는 것인가? 또는 큰 블록의 한쪽 구석이 육면체 모양으로 떨어져나간 것인가?

이러한 착시 현상은 우리가 보는 사물의 모습에 대한 해석이 서로 다를 수 있음을 보여주는 예이다. 첫 번째 그림은 정육면체들을 원근법으로 그린 것처럼 보이는데, 서로 다른 두 가지 시각으로 볼 수 있다. 두 가지 해석이 모두 가능하기 때문에, 우리의 마음은 둘 사이에서 결정을 내리지 못하고 오락가락하게 된다.

두 번째 초상화도 마찬가지다. 이것 역시 젊은 아가씨를 그린 것인지 늙은 할머니를 그린 것인지 단정하기가 어렵다.

세 번째 그림은 세 가지 해석이 가능하다. 대부분의 사람들이 가장 보기 어려운 것은 블록의 한쪽 구석이 육면체 모양으로 떨어져나간 모습이다. 그것은 아마도 실생활에서 그런 것을 보기가 힘들기 때문일 것이다. 그렇지만 작은 정육면체가 떨어져나간 부분이라고 애써 상상해보면, 마침내 그 모습이 눈에 보일 것이다. 이 그림에서 가능한 세 가지 형태를 발견하는 것은 기하학 도형을 해석하는 능력과 밀접한 관련이 있다. 왜냐하면 기하학에서 도형을 잘못 보는 것은 크나큰 문제의 원인이 되기 때문이다.

랜디의 마술 손수건

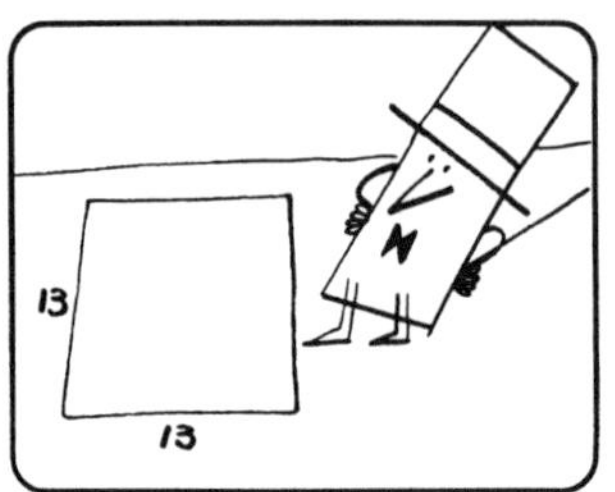

세상에서 가장 유명한 마술사 랜디에게는 가로, 세로의 길이가 각각 13 cm인 비단 손수건이 있다. 그런데 그는 이 손수건을 가로 21 cm, 세로 8 cm인 직사각형 모양으로 만들고 싶었다. 그래서 그는 비단 전문 상인인 왕 서방을 찾아갔다.

랜디 : 왕 서방. 이 비단 손수건을 가로 21 cm, 세로 8 cm로 만들려고 하네. 그러니 네 조각으로 잘라서 그렇게 붙여주게나.

왕 서방 : 랜디, 자네는 마술에는 천재지만, 수학에는 영 젬병이로군. 13×13=169이지만, 21×8=168이라네. 그러니 그렇게는 만들 수 없네.

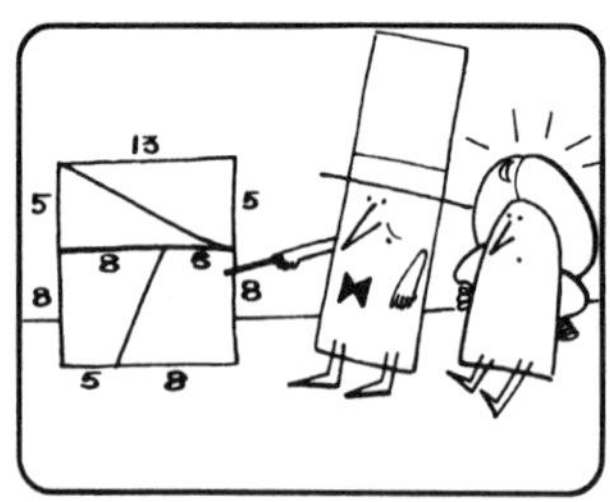

랜디 : 자넨 참 순진하군! 위대한 마술사 랜디가 실수를 할 리가 있나! 손수건을 이렇게 네 조각으로 자르게.

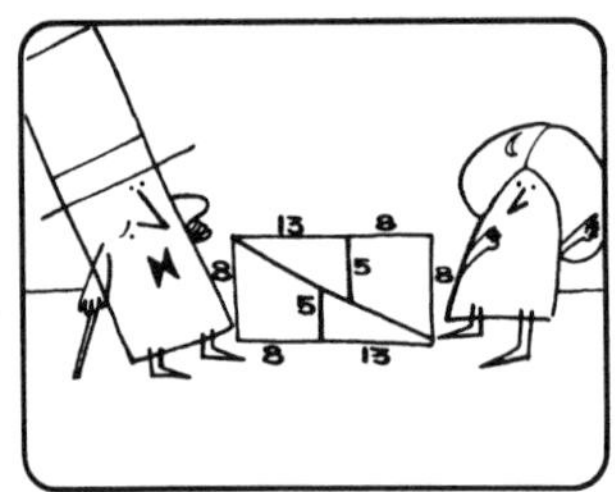

왕 서방은 랜디가 시키는 대로 양탄자를 잘랐다. 그러자 랜디는 그것을 그림처럼 맞추어 가로 21 cm, 세로 8 cm의 손수건을 만들어냈다.

왕 서방 : 나는 아직 이해가 안 가네. 분명히 손수건의 넓이가 169 cm²에서 168 cm²로 줄었는데, 1 cm²는 어디로 사라졌단 말인가?

몇 개월 뒤, 랜디는 이번에는 가로, 세로의 길이가 각각 12 cm인 비단 손수건을 가지고 왔다.

랜디 : 왕 서방, 난로에서 튄 불꽃이 이 아름다운 양탄자에 구멍을 내버렸다네. 그래서 손수건을 적당히 잘라서 다시 붙이면 구멍을 감쪽같이 없앨 수 있을 거야.

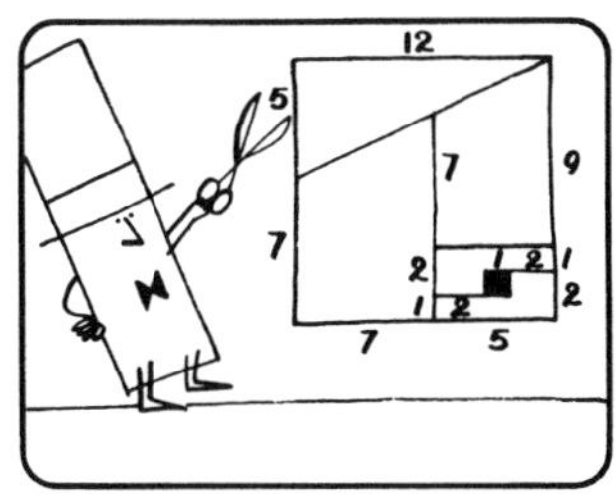

왕 서방은 믿어지지 않았지만, 랜디의 말대로 했다. 랜디가 가르쳐주는 대로 손수건을 자른 다음, 조각들을 다시 맞추어 붙이자, 구멍은 감쪽같이 사라지고, 가로, 세로의 길이가 각각 12 cm인 손수건이 생겼다.

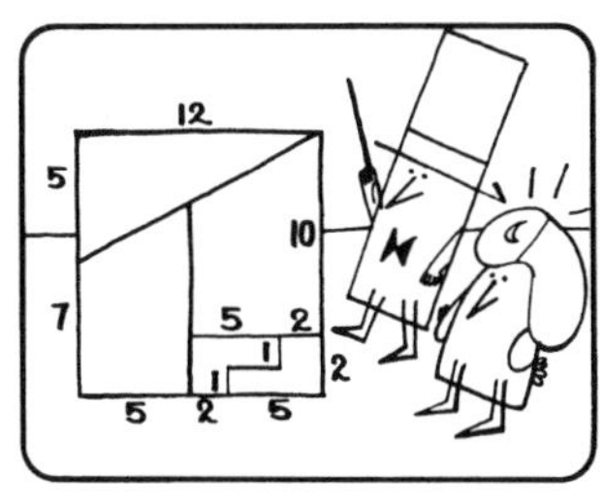

왕서방 : 오! 자네는 진정 위대한 마술사로세! 어떻게 이럴 수가 있지? 구멍이 나서 사라진 1 cm²가 어디서 나타났단 말인가?

이 역설은 너무나도 놀랍고 설명하기가 어렵기 때문에, 직접 모눈종이 위에 정사각형을 그려 그것을 네 조각으로 자른 다음, 다시 직사각형 모양으로 맞추어보는 편이 이해하기에 쉬울 것이다. 그러나 그 조각들을 충분히 크게 그리고, 아주 정확하게 자르지 않는 한, 직사각형의 대각선을 따라 가느다란 틈이 생긴 것을 발견하기 어렵다. 바로 이 틈이 사라진 1 cm²의 수수께끼에 대한 해답이다. 그래도 의문이 사라지지 않는다면, 대각선의 길이를 계산해서 작은 조각들의 대각선 길이와 비교해보라.

또 모눈종이 위에 직사각형을 그린 다음, 조각들을 잘라 다시 정사각형으로 맞추어보면 어떤 일이 일어날까? 여러분은 이 실험을 직접 해보고 싶어 몸이 근질근질할 것이다.

이 역설에는 5, 8, 13, 21이라는 네 개의 길이가 나온다. 이 네 수에는 어떤 규칙이 있을까? 21 다음에 오는 수는 무엇일까? 이 수들은 피보나치(Fibonacci) 수열을 이루고 있다. 피보나치 수열에서 각 항은 앞의 두 항을 합한 값이 된다.

$$1, 1, 2, 3, 5, 8, 13, 21, 34\cdots\cdots$$

피보나치 수열에 나오는 연속적인 수 네 개를 사용해 앞의 역설을 얼마든지 변형시킨 형태로 만들 수 있다. 그때마다 직사각형의 면적은 항상 원래 정사각형의 면적보다 1 cm²가 크거나 작을 것이다. 1 cm²가 작아질 때에는 직사각형의 대각선을 따라 마름모꼴로 겹친 부분이 생기기 때문이다.

이번에는 피보나치 수열 중 연속적인 수 네 개가 주어졌을 때, 면적이 늘 것인지 줄 것인지 예측하는 방법을 알아보자. 이 역설은 피보나치 수열의 기본적인 성질 중 하나를 잘 보여준다. 이 수열 중의 어떤 수를 제곱한 값은 그 앞뒤에 있는 두 수를 곱한 값에 1을 더하거나 뺀 값과 같다. 이를 수식으로 나타내면 다음과 같다.

$$t_n{}^2 = (t_{n-1} \times t_{n+1}) \pm 1$$

좌변은 정사각형의 면적을, 우변은 직사각형의 면적을 나타낸다. $\pm$ 부호는 피보나치 수열에 따라 교대로 바뀐다. 피보나치 수열에서 홀수 번째에 있는 수(앞에 든 예에서 2, 5, 13… 등)를 제곱한 것은 그 앞뒤에 있는 짝수 번째의 두 수를 곱한 값보다 1이 크다. 반대로, 짝수 번째에 있는 수(앞의 예에서 3, 8, 21… 등)를 제곱한 것은 그 앞뒤에 있는 홀수 번째의 두 수를 곱한 값보다 1이 작다. 이 점을 이해하면, 어떤 정사각형에서 만들어진 직사각형의 면적이 $1\,cm^2$가 더 커질지 작아질지 쉽게 예측할 수 있다.

앞에서 우리는 1, 1,…로 시작되는 피보나치 수열을 살펴보았다. 그러나 일반적인 피보나치 수열은 어떤 수로도 시작할 수 있다. 다른 피보나치 수열의 수들을 사용해 변형시킨 형태의 역설을 검토해볼 수도 있다. 예를 들면, 2, 4, 6, 10, 16, 26……의 수열을 사용하면 $4\,cm^2$가, 그리고 3, 4, 7, 11, 18……의 수열을 사용하면 $5\,cm^2$가 각각 더 늘어나거나 줄어든다.

a, b, c를 일반적인 피보나치 수열에서 연속적인 세 수라 하고, 늘어나거나 줄어드는 면적을 x라 하자. 이것을 식으로 나타내면,

$$a+b=c$$
$$b^2=ac\pm x$$

x는 늘어나거나 줄어든 면적을, b는 정사각형의 한 변의 길이를 나타낸다. 우리는 그 값을 마음대로 선택할 수 있다. 이 두 연립방정식을 풀면 a와 c의 값을 구할 수 있는데, 반드시 유리수가 나오는 것은 아니다.

여기 재미있는 문제가 또 하나 있다. 정사각형을 네 조각으로 잘라서 직사각형을 만들 때, 그 면적을 처음의 정사각형과 똑같게 할 수 있을까?

이것을 풀기 위해서는 위의 두 번째 식에서 $x=0$이라 놓고, b에 대해서 정리하면 양의 해는 다음과 같다.

$$b = \frac{a(1+\sqrt{5})}{2}$$

$\dfrac{1+\sqrt{5}}{2}$ 라는 수는 유명한 황금비로, Ø로 나타낸다. 무리수인 Ø의 값은 1.618033…이다. 다시 말해서, 피보나치 수열 중에서 한 항의 제곱이 그 앞뒤의 두 수의 곱과 정확하게 같은(정사각형과 직사각형의 면적이 똑같은) 것은 다음 수열뿐이다.

$$1, \; Ø, \; Ø^2, \; Ø^3, \; Ø^4 \cdots\cdots$$

근호를 계산하는 좀 복잡한 계산을 통해 위의 수열은 다음과 값이 똑같은 피보나치 수열임을 증명할 수 있다.

$$1, \; Ø, \; Ø+1, \; 2Ø+1, \; 3Ø+2 \cdots\cdots$$

위의 수열에 연속적으로 나오는 수를 사용해 정사각형을 만들 때에만 그것을 잘라 똑같은 면적의 직사각형으로 만들 수 있다.

똑같은 두 정사각형의 면적이 서로 다른 것은 무슨 조화일까? 랜디의 두 번째 역설에서 손수건에 난 구멍은 그만큼의 면적이 없음을 뜻한다. 앞의 역설과는 달리, 조각들을 맞춘 뒤에도 대각선은 정확하게 들어맞는다. 그렇다면 타서 사라진 구멍의 면적은 어디서 다시 생겨났을까?

답을 찾기 위해 구멍이 없는 정사각형 두 개를 만들어보자. 역시 크기가 클수록 답을 찾기가 쉽다. 정사각형 하나를 정확하게 잘라 구멍이 난 손수건 모양으로 만든다. 그런 다음, 이것을 다른 정사각형 위에 포개면 위에 놓인 것이 정확한 정사각형이 아님을 알 수 있다. 그것은 세로의 길이가 1/12 cm가 더 긴 직사각형이다. 1/12 cm에다 가로 길이 12 cm를 곱하면 정확하게 구멍의 면적 1 cm²와 일치한다.

이제 우리는 구멍이 왜 없어지는지 알았다. 그러면 정사각형은 왜 세로 길이가 늘어났을까? 그 이유는 삼각형 빗변의 꼭지점이 제자리에 있지 않기 때문이다. 이제 정사각형의 면적이 1 cm² 이상 늘어나거나 줄어드는 변형된 역설들을 직접 만들어볼 수 있을 것이다.

이 역설은 이것을 만들어낸 뉴욕의 아마추어 마술사 폴 커리(Paul Curry)의 이름을 따 '커리의 정사각형'이라 부른다. 이 역설은 그 밖에도 삼각형을 비롯해 여러 가지 변형된 형태가 있다.

사라지는 무용수

1년이 지난 후, 마술사 랜디가 또 비단을 가지고 왕 서방을 찾아왔다.

랜디 : 이보게 왕 서방, 이 비단에는 무용수가 일곱 명밖에 없는데, 나는 여덟 명을 원한다네. 이 비단을 여기 표시한 대로 세 개의 사각형으로 잘라주게.

왕 서방이 작업을 끝내자, 랜디는 위에 있는 두 개의 사각형을 서로 바꾸었다. 그러고 나서 왕 서방이 무용수의 수를 세어보았더니…….

왕 서방 : 하나, 둘, 셋, 넷, 다섯, 여섯, 일곱, 여덟! 이럴 수가! 어디서 하나가 더 생겨났지?

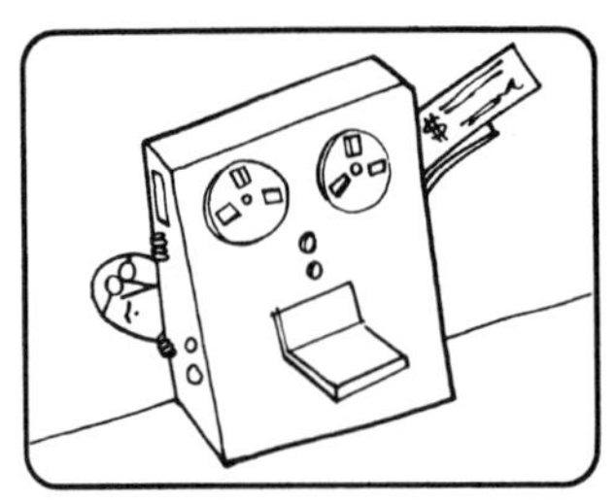

랜디의 역설은 컴퓨터 전문가가 은행 돈을 훔치는 수법과 같다.

컴퓨터 범죄자 : 하하! 나는 천재야! 매월 말마다 이렇게 쉽게 돈을 긁어모으는 것은 아주 신나는 일이지. 나는 단지 컴퓨터한테 고객들 구좌에서 100원 미만의 금액은 반올림하는 대신에 모두 내 계좌로 입금하라고 명령만 하면 되지.

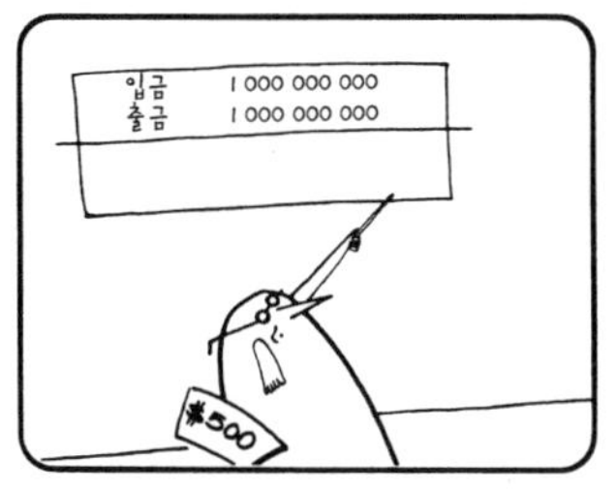

컴퓨터 범죄자 : 자기 계좌에서 매월 평균 50원이 빠져나간다는 사실을 알아채는 고객은 아무도 없을걸. 고객의 수가 1만 명이라면 컴퓨터는 매월 내 계좌에 50만 원을 입금해줄 것이다. 회계 장부상으로도 아무 이상이 없이 말이다.

사라지는 무용수의 역설은 100년 이상 광고에 종종 이용되어왔다. 1880년경에 미국의 퍼즐 발명가 샘 로이드(Sam Loyd)는 이 역설의 변형을 소개했는데, 거기서는 원반이 돌 때마다 중국 병정이 한 명씩 사라졌다. 그 후로도 수많은 변형이 나왔다.

이 역설을 설명하는 가장 좋은 방법은 아래와 같이 종이 위에 열 개의 직선을 그어놓는 것이다.

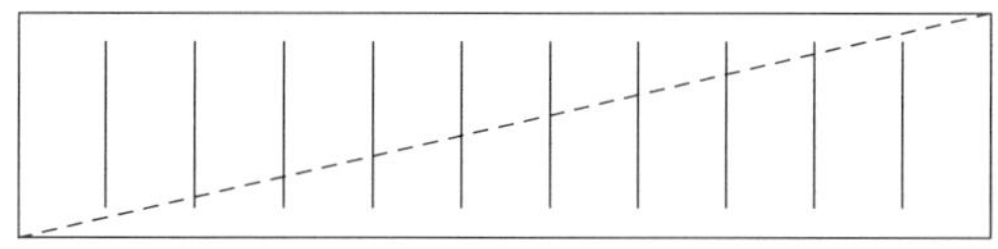

점선을 따라 종이를 자른 다음, 아래쪽 종이를 대각선을 따라 왼쪽으로 약간 이동시킨다.

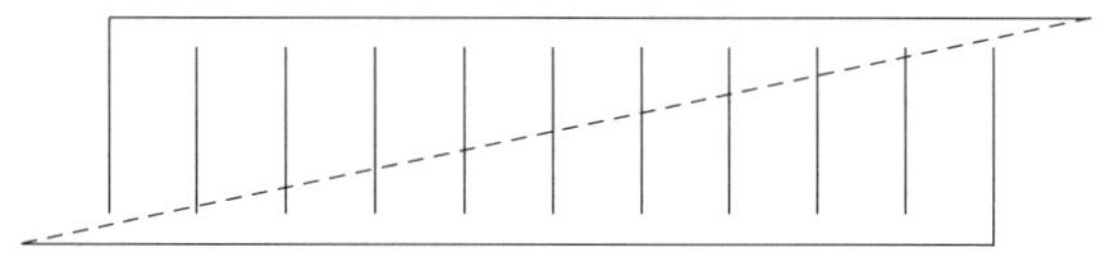

이제 선의 수를 세어보면, 아홉 개밖에 되지 않는다. 어떤 선이 사라졌는지 묻는 것은 어리석다. 열 개의 선을 18부분으로 나눈 다음, 그것들을 재배열하여 아홉 개의 선으로 만든 것이다. 새로 생긴 아홉 개의 선은 각각 먼젓번의 선보다 길이가 1/9만큼씩 늘어났다. 아래쪽 종이를 다시 오른쪽으로 미끄러뜨려 원래 상태로 돌리면, 사라졌던 열 번째 선이 다시 나타나고, 선의 길이는 조금 전의 것보다 1/10이 줄어든다.

이와 마찬가지 원리로, 사라지는 무용수의 역설에서는 여덟 번째 무용수가 나타나면 무용수의 길이는 각각 1/8씩 줄어든다. 무용수가 하나 사라질 때, 그 중 어느 하나가 납치되어 사라지는 것은 아니다. 즉 그 중 어느 무용수가 사라지는지 딱 꼬집어 말할 수 없다. 일곱 명의 무용수는 여덟 명의 무용수와는 서로 완전히 다른 존재이기 때문이다. 일곱 명의 무용수는 여덟 명의 무용수보다 각각 1/7만큼 더 크다.

이 역설 뒤에 숨어 있는 원리는 옛날에 위조지폐를 만드는 데 사용되기도 했다. 아홉 장의 지폐를 잘라 18조각으로 만든 다음, 적절하게 재배열하면 열 번째 지폐가 나타난다. 그렇지만 이렇게 만든 위조지폐는 숫자들이 정확하게 일치하지 않기 때문에 쉽게 탄로난다. 1만 원권 지폐(미국의 달러 지폐도 마찬가지)를 보면 10000이라는 숫자를 서로 대각선으로 마주 보게 모서리에 인쇄해 놓았는데, 이것은 이러한 위조 방법을 방지하기 위한 목적도 있다. 1968년, 영국에서는 한 남자가 5파운드짜리 지폐를 이런 식으로 위조하다가 붙잡혀 징역 8년을 선고받았다.

면적이 사라지는 역설은 많은 곳에서 면적을 조금씩 훔치기 때문에 성립한다. 랜디의 첫 번째 비단 손수건에서는 조각들을 재배열한 뒤에 보면 직사각형의 대각선을 따라 눈에 잘 띄지 않게 겹치는 부분이 생긴다. 두 번째 손수건 문제에서는 잘라서 재배열한 손수건의 길이가 아주 약간 줄어든다. 또 무용수가 하나 사라진 뒤에는 각 무용수의 키가 이전보다 조금씩 커진다. 도둑의 계좌에 50만 원이 입금되면, 일부 고객의 계좌에서는 지급받아야 할 이자가 100원씩 사라진다. 1970년에 실제로 컴퓨터 프로그램을 이용한 사취(詐取) 사건이 일어났다. 프랑스의 어느 은행에 근무하는 한 프로그래머가 고객들에게 지급되는 이자 중에서 1프랑 이하의 금액을 이런 식으로 자기 계좌로 빼돌렸던 것이다.

안팎이 자유자재로 뒤집히는 도넛

맹 교수 : 위상기하학은 고무판 기하학이라고도 부른다. 왜냐하면 위상기하학은 어떤 도형을 잡아 늘이거나 비틀더라도 변하지 않고 일정하게 유지되는 성질을 다루기 때문이다.

원환면은 도넛 모양의 매력적인 표면이다. 여기 이 원환면은 탄력 있는 얇은 고무로 만들어져 있고, 그 안쪽에는 큰 구멍이 하나 뚫려 있다. 그런데 이 구멍을 통하여 원환면의 안팎을 뒤집을 수 있다는데 사실일까? 그것은 가능하지만, 매우 어렵다.

작업에 들어가기 전에 그림처럼 원환면의 바깥 둘레와 원환면 내부의 작은 원에 각각 고무 밴드를 붙여놓았다고 가정하자. 이 두 고무 밴드는 서로 만나지 않는다.

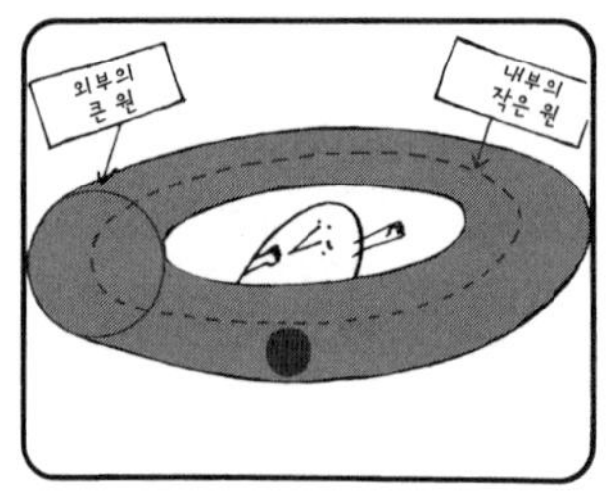

만약 원환면을 뒤집는다면, 이와 같은 모습이 될 것이다. 그런데 여기서는 두 고무줄이 서로 연결돼 있다! 가위나 풀을 사용하지 않고 이 두 고무줄을 서로 연결하는 것은 불가능하므로 뭔가 잘못된 게 분명하다. 무엇이 잘못되었을까?

구멍을 통해 원환면을 뒤집을 수 있다는 것은 사실이지만, 그렇다고 해서 두 고무 밴드가 서로 연결되지는 않는다. 그 이유는 뒤집은 뒤에 고무 밴드의 위치가 서로 바뀌기 때문이다. 작은 고무 밴드는 큰 원으로, 큰 고무 밴드는 작은 원으로 축소시키면 이 둘은 먼저와 마찬가지로 서로 교차하지 않는다. 사실은, 여기에 그린 마지막 그림은 실제의 모습을 그린 것이 아니라, 우리가 원환면을 뒤집었을 때 으레 그러려니 하고 상상하는 것을 나타내본 것이다.

자전거 튜브처럼 고무로 만들어진 원환면은 뒤집기가 매우 어렵다. 고무를 아주 극단적으로 잡아늘여야 하기 때문이다. 그렇지만 천으로 만들어진 원환면은 뒤집기가 쉽다. 그러한 원환면을 만들려면 정사각형 모양의 천을 반으로 접은 다음, 서로 마주 보는 가장자리를 꿰매 관 모양으로 만든다. 이번에는 이것을 반대 방향으로 접고, 마주 보는 가장자리를 원환면 모양으로 만든다. 물론 이것은 납작하게 하면 정사각형 모양이다. 천으로 만든 이 원환면에서는 '구멍'이 천의 바깥층에 수평으로 길게 나 있기 때문에 원환면을 쉽게 뒤집을 수 있다.

이처럼 천으로 만든 원환면은 길게 난 구멍을 통해 쉽게 뒤집을 수 있다. 그런데 이렇게 뒤집은 원환면의 모양은 전과 똑같지만, 옆으로 길게 났던 구멍이 이번에는 수직으로 길게 나 있고, 천의 결도 $90°$ 이동해 있다. 다시 말해서, 앞서 원환면 주위를 한 방향으로 빙 돌고 있던 선이 이번에는 다른 방향으로 빙 돌고 있다. 이렇게 천의 결이 바뀌는 것은 두 고무 밴드의 위치가 왜 바뀌는지 설명해준다. 두 가지 색깔의 사인펜으로 원환면 주위에 서로 다른 방향의 원을 두 개 그린 다음, 원환면을 뒤집은 뒤에 살펴보면, 두 원이 서로 자리를 바꾸었음을 확인할 수 있다.

원환면을 뒤집는 과정에서 원환면이 어떻게 변형되는지 상상하기는 쉽지 않다. 그 모든 단계를 보여주는 일련의 그림은 앨버트 터커(Albert Tucker)와 허버트 베일리(Herbert Bailey)가 〈사이언티픽 아메리칸〉지 1950년 1월호에 발표한 '위상기하학'에서 볼 수 있다.

원환면에 관한 역설은 그 밖에도 많이 있다. 예를 들면 구멍이 없는 원환면을 구멍이 있는 원환면과 연결시키면, 구멍이 있는 원환면이 다른 원환면을 그 속으로 완전히 '삼킬' 수 있을까? 그 답은 '그렇다'인데, 궁금한 사람은 내가 〈사이언티픽 아메리칸〉지 1977년 3월호에 쓴 글을 참고하라.

마술의 팔찌

맹 교수 : 깔끔해 양은 가죽 팔찌를 사러 갔다.

상점 안에서 그녀는 팔찌 두 개를 보았다. 두 팔찌는 모두 세 줄의 가죽끈으로 만들어져 있었는데, 하나는 꼬아서 제대로 만들어져 있었고, 다른 하나는 꼬아놓지 않은 상태였다.

깔끔해 양 : 꼬아놓은 저 팔찌는 얼마예요?

점원 : 8000원입니다. 그렇지만 그건 저 손님이 방금 사셨는데요.

깔끔해 양 : 저런! 또 하나 없어요?

점원 : 여기 하나가 남아 있습니다.

깔끔해 양 : 그렇지만 그것은 제대로 꼬아놓은 것이 아니잖아요?

점원 : 손님을 위해 제가 직접 꼬아드리죠.

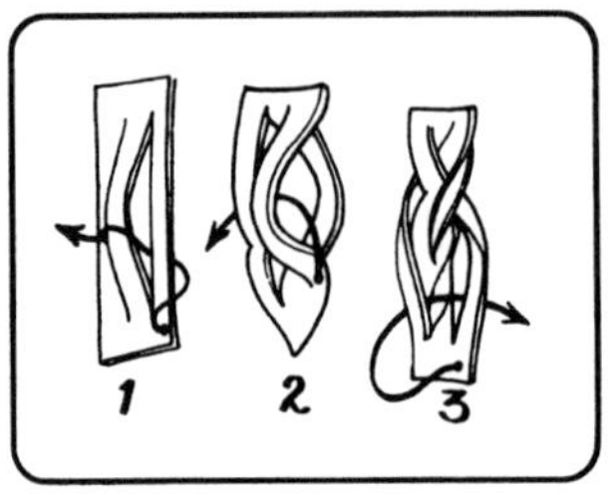

맹 교수 : 믿기 힘들었지만, 점원은 30초 만에 한 조각의 가죽도 베어내지 않고 그것을 꼬아 완전한 팔찌를 만들었다. 그가 팔찌를 꼰 방법은 왼쪽 그림과 같다.

이 가죽 팔찌에서 놀라운 점은, 각각의 가죽끈이 서로 들러붙어 있는데도 가죽끈들이 여섯 군데에서 교차하고 있다는 사실이다. 즉 땋은 팔찌나 땋지 않은 팔찌나 위상기하학적으로는 동일하다는 이야기다. 아래 그림은 팔찌를 땋는 또 다른 방법을 보여준다. 더 긴 가죽끈을 가지고 같은 과정을 반복하면 끈들을 6의 배수만큼 계속 더 교차시킬 수 있다.

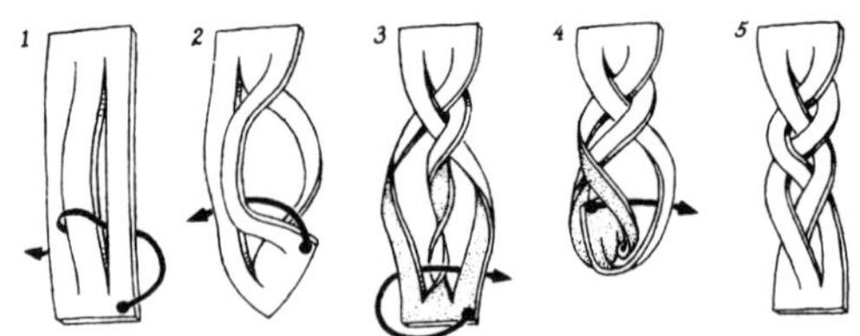

이와 같은 종류의 팔찌는 세 가닥 이상의 끈으로도 만들 수 있다. 대부분의 사람들은 끈땋기 문제를 단순히 위상기하학의 흥미로운 사례로 생각하지만, 실은 중요한 의미를 지니고 있다. 독일 수학자 에밀 아르틴(Emile Artin)은 군론을 응용해 끈땋기 이론을 개발했다. 땋는 패턴은 군의 원소에 해당하고, 가죽끈을 한 번 땋는 것은 연산에 해당한다. 또 땋는 패턴의 '역'은 그 거울상에 해당한다. 끈땋기는 군과 변환의 성질을 발견하는 출발점이 된다.

고정점

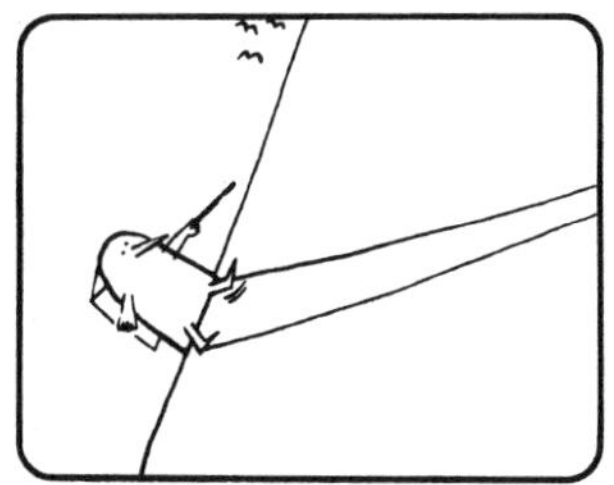

맹 교수 : 돌식이는 산꼭대기를 향해 나 있는 오솔길을 따라 등산을 했다. 오전 7시에 출발해 오후 7시에 산꼭대기에 도착했다.

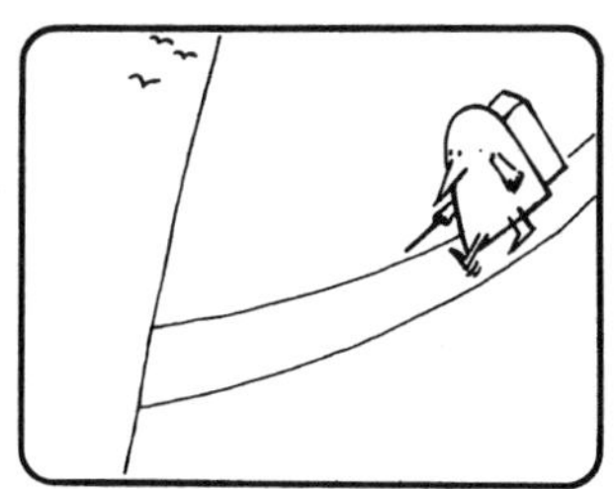

돌식이는 산꼭대기에서 멋진 밤을 보내고, 그 다음날 오전 7시에 산을 내려오기 시작했다. 그는 오후 7시에 마을에 도착했는데, 거기서 위상기하학 교수인 위상기 교수를 만났다.

위상기 교수 : 돌식 군, 등산은 잘했나? 그런데 오늘 산을 내려올 때 어제 산을 오를 때와 똑같은 시간에 통과한 똑같은 지점이 있다는 사실을 알고 있니?

돌식이 : 저는 산을 오르고 내릴 때 각각 다른 속도로 걸었고, 심지어 뭘 먹거나 쉬기 위해 자주 멈추기도 했는데요?

그러나 위상기 교수의 말이 옳다.

위상기 교수 : 자네가 산을 향해 올라가는 바로 그 순간에 자네와 똑같은 사람이 산꼭대기에서 내려온다고 생각해 보게. 그러면 두 사람은 오솔길의 어느 지점에선가 반드시 만나겠지?

위상기 교수 : 그 지점이 어딘지는 말할 수 없어도 반드시 어느 지점에선가 만나겠지. 자네와 자네의 분신은 동시에 그곳에 존재한다는 말일세. 따라서 자네는 오늘 산을 내려올 때 어제 지나간 어떤 지점을 어제와 똑같은 시간에 지나온 게 분명해.

이 예는 위상기하학에 나오는 '고정점' 정리를 잘 설명해준다. 여기에 소개한 증명은 존재 증명이다. 즉 최소한 고정점이 하나 존재한다는 사실만 증명할 뿐, 그 점이 어디에 있는지에 대해서는 이야기하지 않는다. 고정점 정리는 위상기하학을 수학과 물리학의 여러 분야에 응용하는 데 아주 중요하다.

고정점 정리에 관한 유명한 사례를 한 가지 더 소개하면, 밑바닥에 종이 한 장으로 완전히 덮인 얇은 상자가 있다. 종이 위의 모든 점은 상자 밑바닥의 모든 점과 일대일 대응시킬 수 있다. 종이를 집어올려 마구 구기고 뭉쳐서 상자 속으로 던져넣는다. 그런데 수학자들은 종이를 어떻게 구겼는지, 상자 안의 어느 지점에 떨어졌는지에 상관없이, 좀전과 똑같이 종이 위의 점과 밑바닥 위의 점이 일치하는 지점이 하나 이상 존재한다는 것을 증명했다.

고정점 정리는 1912년에 네덜란드 수학자 브루베르(L. E. J. Brouwer)가 최초로 증명했는데, 재미있는 응용 사례가 많다. 예를 들면 고정점 정리는 매 순간 지구상에서 바람이 전혀 불지 않는 곳이 최소한 한 군데 이상 존재한다는 것을 증명해준다. 또 지구상에는 온도와 기압이 정확하게 똑같은 대척지(지구의 중심점을 지나며 서로 정반대 편에 있는 두 지점)가 늘 하나 이상 존재한다. 구가 머리카락으로 뒤덮여 있을 경우, 빗으로 모든 머리카락을 납작하게 빗질하는 것은 불가능하다(도넛 모양 위의 모든 머리카락은 빗질하여 납작하게 눕히는 것이 가능하다). 이 모든 것은 고정점 정리로 증명되었다.

불가능한 물체

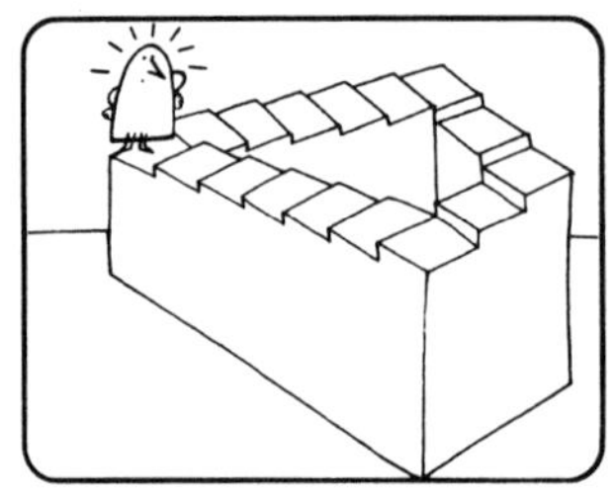

맹 교수 : 돌식이는 고정점이 존재한다는 사실에 놀랐지만, 이 계단을 보고는 더욱 놀랐다. 이 계단은 끝없이 올라가도 언제나 출발점으로 되돌아온다!

이 기사의 창은 그 끝이 두 갈래인가, 세 갈래인가?

이와 같은 나무 상자를 만들 수 있을까?

끝없이 오르는 계단, 기사의 창, 나무 상자 등을 '불가능한 물체' 또는 '결정할 수 없는 도형'이라 부른다. '펜로즈 계단'이라고도 부르는 불가능한 계단은 영국의 유전학자 라이오넬 펜로즈(Lionel Penrose)와 그의 아들인 수학자 로저 펜로즈(Roger Penrose)가 고안해 1958년에 처음 발표했다. 네덜란드 화가 에셔

(M. Escher)는 이 계단에 매력을 느껴 판화 작품으로 만들었다.

창 끝이 두 개인지 세 개인지 결정하기 어려운 두 번째 도형은 누가 처음 만들어냈는지 알려져 있지 않다. 다만 이것은 1964년경부터 공학자들과 그 밖의 사람들 사이에 널리 알려지기 시작했다.

괴상한 나무 상자도 그 고안자가 누구인지 알 수 없지만, 역시 에서가 그린 그림 '벨베데르(Belvédére)'에 묘사되었다. 이 세 가지 물체는 그러한 구조 자체가 논리적으로 모순이어서 현실적으로 존재할 수 없는데도, 우리가 기하학적 그림이 옳다는 생각에 쉽사리 빠진다는 사실을 잘 보여준다. 이 물체들은 논리학의 파라독스에서 '이 문장은 거짓이다'라는 역설처럼 결정 불가능한 문장에 해당한다.

병리학적 곡선

맹 교수 : 초눈송이의 곡선 역시 역설적인 도형이지만, 불가능한 도형은 아니다. 정삼각형 모양의 크리스마스 트리로 그것을 만들어보자.

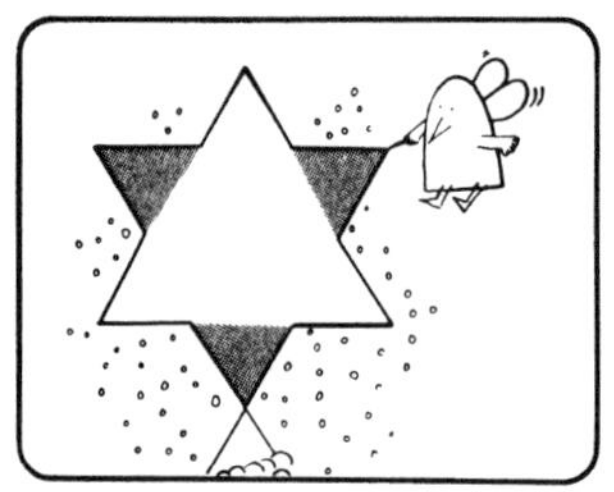

이 작은 천사는 삼각형의 각 변을 3등분하여 그 중앙 부분을 밑변으로 하는 새로운 삼각형을 만듦으로써 여섯 개의 팔이 달린 별 모양을 만들었다.

그 다음에는 별의 바깥쪽에 있는 각각의 변 위에 똑같은 방법으로 새로운 삼각형을 만들었다. 곡선은 점점 길어지고, 전체 모양은 눈송이를 닮아간다.

같은 과정을 반복할수록 곡선의 길이는 더욱 늘어나고, 눈송이는 더욱 아름다워진다.

이 과정은 끝없이 반복할 수 있으며, 곡선의 길이는 원하는 만큼 늘일 수 있다. 이러한 초눈송이 곡선은 우표 위에도 그릴 수 있지만, 그 길이는 우주에서 가장 멀리 떨어진 별만큼 길 수도 있다.

초눈송이 곡선은 그 역설적인 성질 때문에 '병리학적 곡선'이라 부르는 무한 곡선 중 가장 아름다운 것이다. 초눈송이 곡선을 계속 무한히 그려가면, 그 길이의 극한값은 무한이 되지만, 전체 곡선은 유한한 표면 위에 한정되어 있다! 다시 말해서, 계속 늘어나는 곡선의 길이를 나타내는 무한급수는 발산하는 데 반해, 그 곡선에 갇힌 면적은 처음 삼각형 면적의 8/5배에 수렴한다. 게다가 그 경계선상의 어느 점에 접선을 긋는 것은 불가능하다.

초눈송이 곡선은 극한의 개념을 이해하는 데 큰 도움이 된다. 예를 들면 처음 삼각형의 면적이 1이었다면, 초눈송이의 곡선의 면적은 8/5에 수렴한다는 것을 증명할 수 있다.

이와 연관된 모양으로는 다음과 같은 것들이 있다.

1. 반초눈송이 곡선을 만들어보자. 이번에는 삼각형의 바깥쪽이 아니라 안쪽으로 삼각형을 만들고, 그 밑변의 선을 지운다. 맨 첫 단계에서는 세 개의 다이아몬드가 한 점에서 만나 세 개의 날개가 달린 프로펠러 모양이 될 것이다. 이 곡선의 길이도 그 극한값이 무한대일까? 또 곡선으로 둘러싸인 면적도 유한할까?

2. 맨 처음에 출발하는 도형을 정삼각형이 아닌 다른 정다각형을 사용하면

어떤 결과가 나올까?

3. 각각의 변에 정다각형을 둘 이상 만들면 어떻게 될까?

4. 초눈송이 곡선이나 그와 비슷한 3차원 도형이 있을까? 예를 들어 정사면체의 각 면에 새로운 정사면체를 만들어나가면, 그 표면적의 극한값은 무한대가 될까? 또 그 부피는 유한일까?

미지의 우주

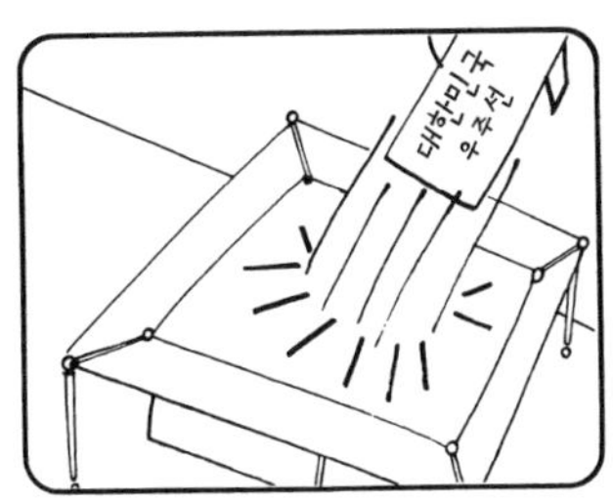

맹 교수 : 우주선이 지구를 떠나 직선으로 계속 나아간다면, 그 우주선은 지구에서 계속 무한히 멀어져갈까? 아인슈타인은 그렇지 않을지도 모른다고 주장했다. 우주선은 다시 지구로 돌아올지도 모른다.

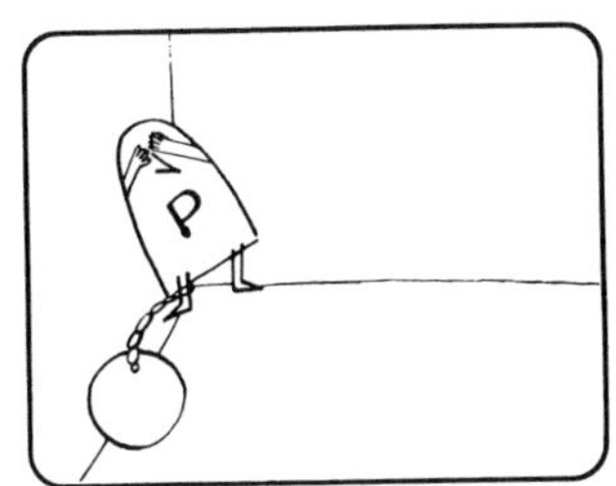

아인슈타인의 역설을 이해하기 위해 먼저 0차원에 살고 있는 사람을 생각해 보자. 그는 하나의 점 위에 살고 있으므로, 그가 사는 세계에는 차원이 없다.

1차원 세계에 살고 있는 미스터 직선은 줄 위를 기어다니는 벌레와 같은 세계에서 산다. 만약 줄이 무한으로 뻗어 있다면, 그 벌레는 한쪽 방향 또는 반대쪽 방향으로 무한히 여행할 수 있을 것이다.

그러나 줄이 원처럼 닫혀 있다면, 그 줄은 경계가 없지만, 길이는 유한하다. 벌레는 어느 쪽 방향으로 기어가든지 결국은 처음의 출발점으로 되돌아온다.

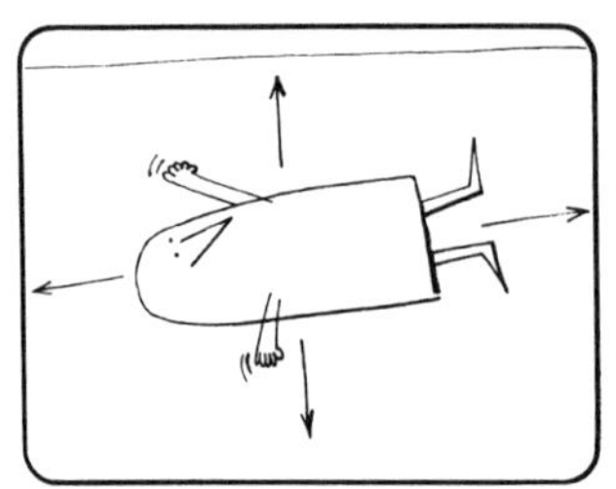

미스터 평면은 2차원 평면 세계에서 산다. 만약 그가 살고 있는 세계가 무한한 평면이라면, 그는 어느 방향으로든지 무한히 여행할 수 있을 것이다.

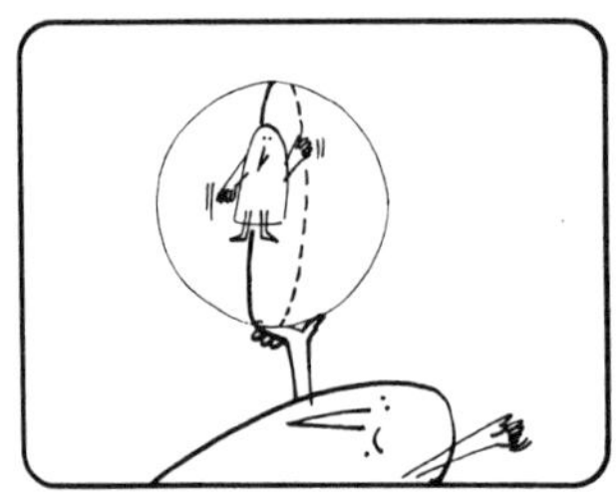

그러나 그의 세계가 구면처럼 닫혀 있는 2차원 세계라면, 그 세계는 유한하면서 경계가 없다. 따라서 그가 일직선으로 계속 똑바로 나아간다면, 결국은 다시 출발점으로 돌아올 것이다.

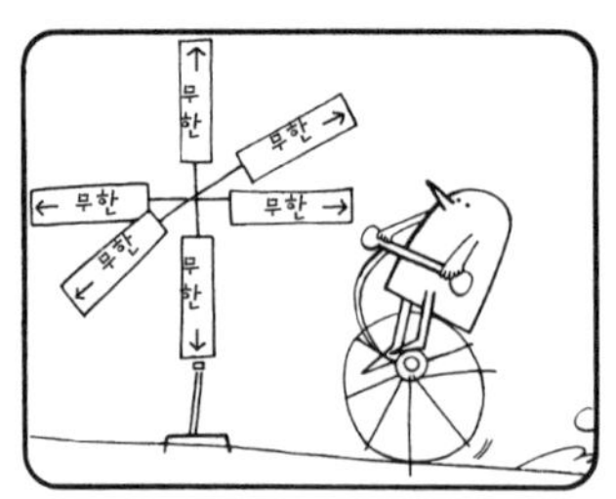

여러분과 나는 부피가 있는 3차원 세계에서 산다. 우리가 살고 있는 세계는 모든 방향으로 무한히 뻗어 있는 것처럼 보인다.

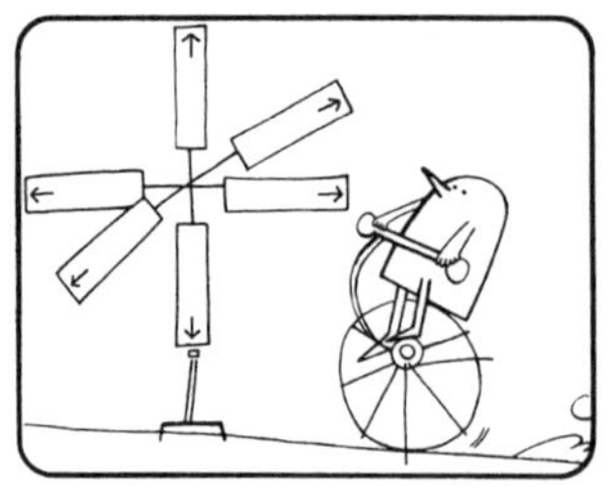

그러나 아인슈타인의 생각처럼 우리의 우주 공간이 굽어서 닫혀 있을지도 모른다. 이 우주 역시 유한하지만 경계가 없는 세계이다. 이러한 우주에서는 계속 똑바로 나아간 우주선은 언젠가는 다시 출발점으로 되돌아온다.

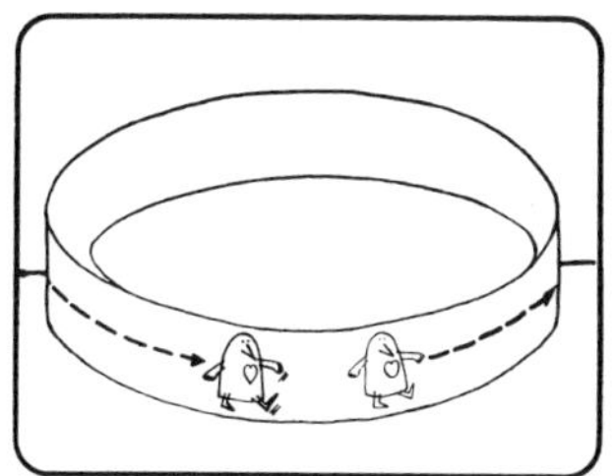

평면 세계에 살고 있는 사람이 구면상의 띠 위로 움직인
다고 할 때, 그것은 꼬여 있지 않은 띠 위에서 움직이는
것과 같다. 그의 심장이 왼쪽에 있다면, 띠 위를 한 바퀴
돌아 출발점에 되돌아온 뒤에도 그의 심장은 역시 왼쪽
에 있을 것이다.

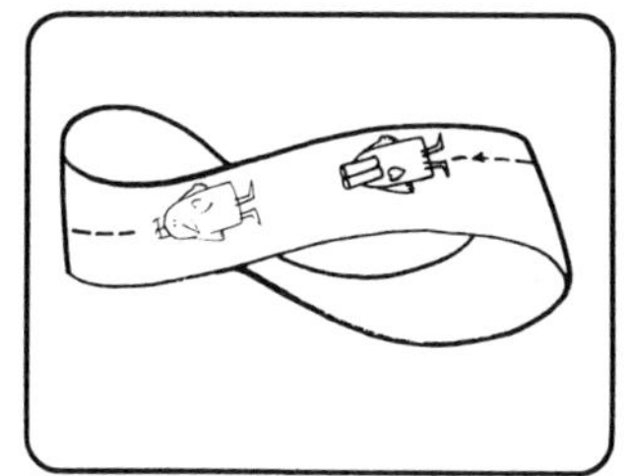

그러나 뫼비우스의 띠 위를 돈다면 기묘한 현상이 일어
난다. 띠가 꼬여 있기 때문에 띠를 한 바퀴 돌아 출발점
으로 다시 돌아왔을 때 그의 심장은 오른쪽에 있게 된다!

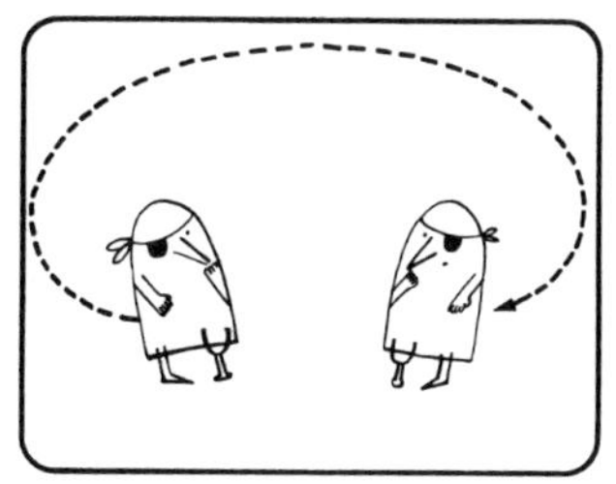

만약 우리의 우주도 뫼비우스의 띠처럼 꼬여서 닫혀 있
다면 어떻게 될까? 이러한 우주를 한 바퀴 돌고 온 사람
은 좌우가 변해 있을 것이다.

천문학자들은 우주가 아인슈타인의 주장처럼 닫혀 있는지 아니면 열려 있는
지 아직 확실하게 알지 못하고 있다. 그것은 우주에 존재하는 물질의 양에 따
라 결정된다. 일반 상대성 이론에 따르면, 물질의 존재는 공간을 굽어지게 한
다. 즉 물질의 양이 많을수록 공간이 더 많이 굽어진다. 대부분의 우주론자들

은 우주에는 공간을 완전히 닫게 만들 만큼 물질이 충분히 많이 존재하지 않는다고 생각한다. 그렇지만 우주에 존재하는 모든 물질의 정체와 양이 정확히 밝혀져 있지 않기 때문에 이 문제는 완전한 결론이 난 것은 아니다. 우주에는 '숨어 있는 물질'이 아주 많이 존재하는지도 모른다(한 예로, 중성미자는 그 동안 정지 질량이 0인 것으로 생각돼 왔지만, 최근에 0이 아니라는 증거들이 나오고 있다).

우주가 뫼비우스의 띠처럼 꼬여 있다는 증거는 전혀 없다. 그렇지만 우주론자들은 여러 가지 우주 모형을 만들어보길 좋아하며, 그 중에는 이것처럼 공간이 꼬여 있는 것도 있다. 미스터 평면이 뫼비우스의 띠를 한 바퀴 돌아왔을 때 그의 모습이 거울에 비친 상처럼 뒤바뀐 것은, 2차원 평면은 두께가 전혀 없기 때문이다. 그러나 종이로 만든 뫼비우스의 띠는 종이 자체가 두께를 지니고 있기 때문에 사실상 입체가 되고 만다. 그러니까 진짜 뫼비우스의 띠는 두께가 전혀 없다고 생각해야 한다.

뫼비우스의 띠 위에 그려진 평면 인물은, 한 면 위로만 미끄러져 가는 게 아니라, 잉크가 종이를 통해 번져 반대면에서도 그 모습이 완전히 보인다고 상상해야 한다. 그 인물이 표면에 찍혀 있는 셈이다. 그래서 뫼비우스의 띠를 한 바퀴 돌고 출발점으로 되돌아오면, 그의 모습은 원래의 모습과는 좌우 방향이 뒤바뀌어 있을 것이다. 또 한 바퀴를 더 돈다면 원래의 모습으로 되돌아와 있으리라. 이와 마찬가지로, 꼬여 있는 우주를 한 바퀴 돌고 온 사람 역시 그 모습이 뒤바뀌어 있을 것이다. 그리고 한 번 더 우주를 돌고 오면 다시 원래의 상태가 될 것이다.

뫼비우스의 띠와 비슷한 역설적인 평면으로 클라인 병과 사영 평면이 있다. 이 두 평면 역시 면은 하나뿐이지만, 뫼비우스의 띠와는 달리 가장자리가 없다. 즉 구면처럼 닫혀 있는 평면이다. 클라인 병은 뫼비우스의 띠와 밀접한 관계가 있는데, 클라인 병을 둘로 자르면 서로 거울상인 뫼비우스의 띠가 두 개 생기기 때문이다. 클라인 병이나 사영 평면에 존재하는 미스터 평면은 표면

위를 한 바퀴 돌아올 때마다 그 모습이 뒤바뀌게 된다. 2차원 세계에서의 삶에 대해 자세히 다룬 고전적인 작품으로 에드윈 애보트(Edwin A. Abbot)가 쓴 『평면나라』가 있다. 그 후속편이라 할 수 있는 『구의 나라』는 디오니스 버거(Dionys Burger)가 썼다.

공상과학 작가 웰스(H. G. Wells)는 『플래트너 이야기』라는 작품을 썼는데, 우주여행을 한 뒤에 좌우가 뒤바뀌어 심장이 반대쪽에 붙은 사람에 관한 이야기이다.

반물질

맹 교수 : 자신의 모습이 뒤집힌 우주 비행사는 자기가 정상이라고 생각한다. 그러나 그의 눈에 보이는 세상은 마치 거울에 비친 것처럼 좌우가 뒤바뀌어 보일 것이다. 글자도 거꾸로 되어 알아보기 힘들고, 자동차는 왼쪽으로 달릴 것이다.

많은 물리학자들은 물질이 거울에 비친 상태는 반물질이 된다고 생각한다. 반물질은 물질과 만나자마자 큰 에너지를 내며 상호 소멸한다. 그렇다면 우주 비행사는 지구로 무사히 귀환하지 못할 것이다. 왜냐하면 반물질로 된 우주선이 지구의 대기권과 접촉하는 순간, 큰 폭발을 일으키며 사라질 것이기 때문이다.

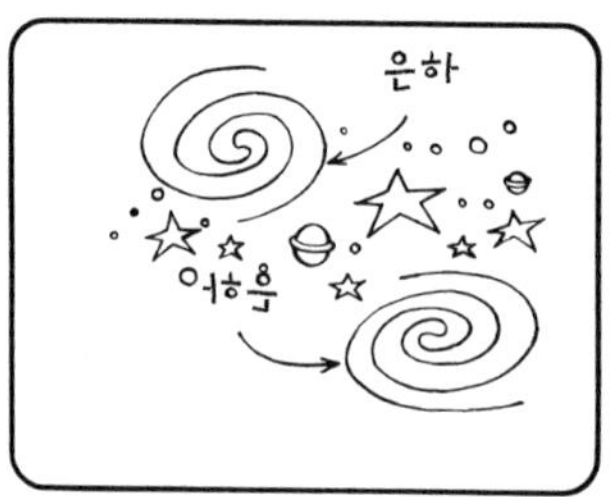

우리 우주 속에는 반물질로 이루어진 은하가 존재할까? 또는 우리 우주 밖에 반물질로 이루어진 광대한 우주가 존재할까? 우주론자들도 그저 상상이나 추측만 해볼 수 있을 뿐이다.

모든 기본 입자에 대해 전하나(전하를 가진 입자라면) 성질이 서로 정반대인 반입자가 존재한다. 많은 물리학자들은 반입자는 그 내부 구조가 입자를 거울에 비춘 모습과 같다고 생각한다. 반입자로 이루어진 물질을 반물질이라 부른다.

어떤 입자가 반입자와 만나면 둘 다 없어지는데, 이것을 상호 소멸이라 부른다. 우리 우주는 보통 물질로 이루어져 있기 때문에, 설사 실험실이나 별 내부에서 반입자가 생겨난다 해도 입자와 만나 순식간에 사라지고 만다.

대부분의 우주론자들은 우주가 물질만으로 이루어져 있다고 믿지만, 반물질로만 이루어진 은하가 존재한다고 주장하는 사람도 일부 있다. 반물질 은하에서 나오는 빛은 물질 은하에서 나오는 빛과 구별하기 어렵기 때문에 반물질 은하의 존재를 확인하기 어렵다. 일부 우주론자들은 우주를 탄생시킨 빅뱅 직후에 물질과 반물질이 따로 떨어져나가 우주와 반우주가 생겼으며, 이 둘은 서로 아주 빠른 속도로 멀어져갔을지도 모른다고 생각한다.

이와 같이 서로 반대의 모습을 가진 다른 우주가 존재한다는 쌍둥이 우주론은 많은 공상과학소설과 블라디미르 나보코프(Vladmir Nabokov)의 낭만적인 소설『아다』에 큰 영감을 주었다. 반물질과 그와 관련된 주제에 대해 더 자세히 알고 싶으면, 양전닝(楊振寧)의『소립자』, 하네스 알벤(Hannes Alfvén)의『세계와 반세계』, 그리고 내가 쓴『양손잡이 우주』를 읽어보라.

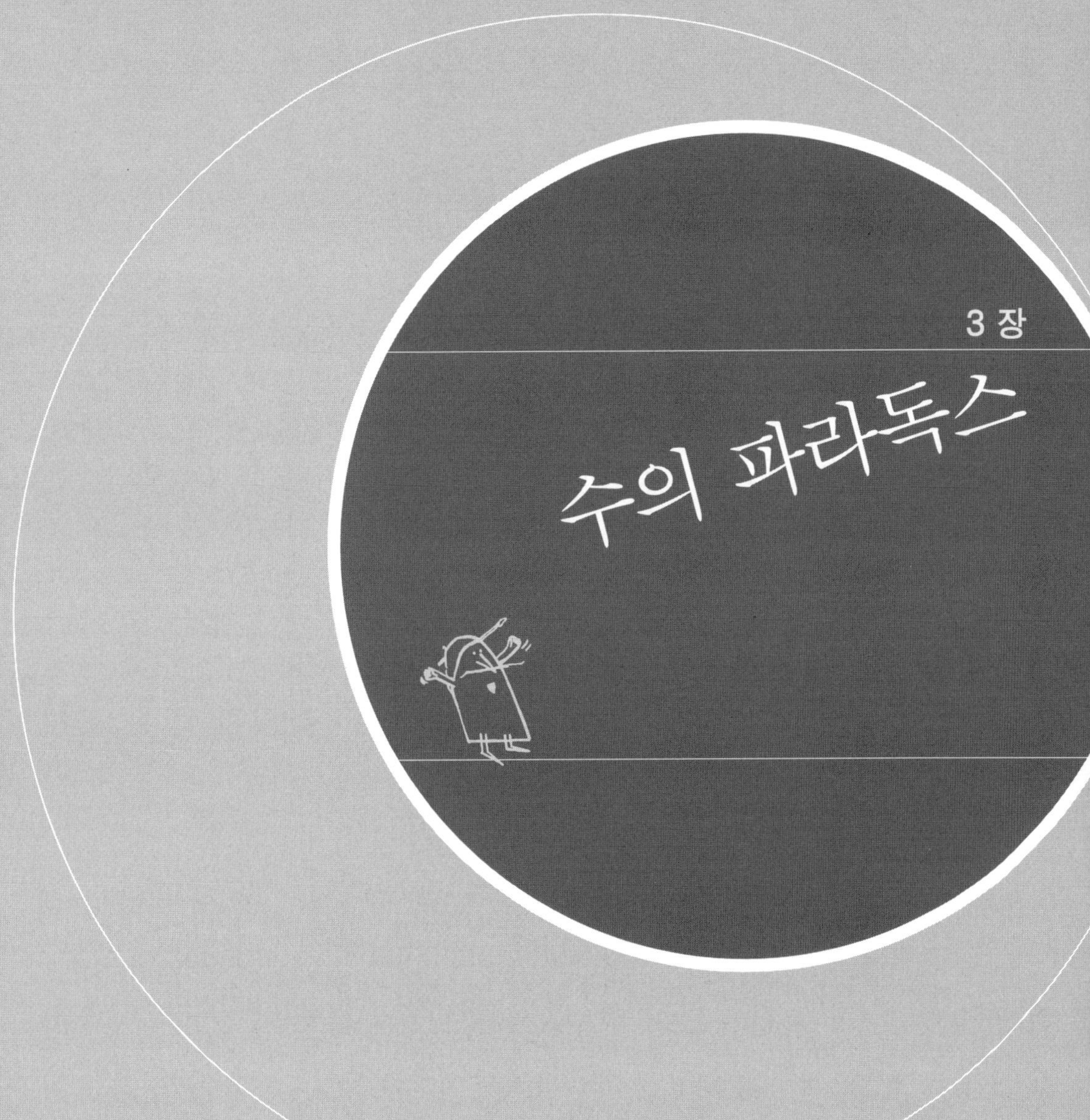

수의 파라독스

수 의 파 라 독 스

수의 성질에 관한 역설은 직관에서 벗어나 수학자들을 놀라게 하고 헷갈리게 만들면서 수학사에서 큰 영향을 미쳤다. 대표적인 예로는 다음과 같은 발견들을 꼽을 수 있다.

1. 무리수 : $\sqrt{2}$, π, e와 그 밖의 셀 수 없는 많은 수.

2. 허수 : $\sqrt{-1}$, 그리고 허수를 포함한 복소수.

3. 곱셈의 교환법칙, 곧 $a \times b = b \times a$가 성립하지 않는 수(4원수).

4. 곱셈의 결합법칙, 곧 $a \times (b \times c) = (a \times b) \times c$가 성립하지 않는 수(캐일리수).

5. 게오르크 칸토어(Georg Cantor)가 발견한 알레프수와 같은 초한수나 무한수. 독일의 유명한 수학자 다비드 힐베르트(David Hilbert)는 알레프수가 수학자들에게 새로운 '낙원'의 문을 열어주었다고 표현했다.

이 장에 소개된 역설들은 무리수나 초한수를 언급하는 마지막 세 개를 빼고는 모두 유리수에 관한 것이다. 이 역설들은 흥미로울 뿐만 아니라, 수론의 가장 중요한 영역을 들여다보는 데에도 도움이 된다. 예를 들면 숫자 9에 관한 역설은 유한한 산술의 세계로 여러분을 안내한다. '알쏭달쏭한 유언'은 자연스럽게 디오판토스의 방정식(부정방정식)의 소개로 이어진다. 여기에 나오는 대부분의 역설은 일반적인 대수학적 해를 구하는 출발점이 되며, 여러분의 계산 능력을 향상시키는 데에도 도움을 줄 것이다. 이 장의 마지막 역설에서는 아직도 흥미로운 연구가 진행되고 있는 분야인 '칸토어의 낙원'을 들여다본다.

여섯 개의 의자에 얽힌 미스터리

맹 교수 : 근사한 레스토랑에 여섯 명의 학생이 자리를 예약했다. 그런데 마지막 순간에 한 사람이 더 오게 되었다.

종업원 : 이런! 자리는 여섯 개밖에 마련하지 않았는데, 일곱 명이 오다니!

종업원 : 그렇지만 염려 마세요. 제가 자리를 마련해드릴 테니까요. 자, 첫 번째 의자에 앉은 학생이 이 귀여운 여학생을 잠깐만 무릎 위에다 올려놓으세요.

종업원 : 자, 이제 세 번째 학생은 그 옆에 앉고, 네 번째 학생은 또 그 옆에 앉으세요. 그리고 다섯 번째 학생은 첫 번째 학생을 마주보고 앉고, 여섯 번째 학생은 그 옆에 앉으면 됩니다. 자, 이제 여섯 명이 모두 의자에 앉았는데, 아직 의자가 하나 비어 있죠?

이 역설 속에 감춰진 트릭을 발견하는 것은 어렵지 않다. 무릎 위에 앉았던 여학생이 사실은 두 번째 학생이라는 걸 알면 이 역설은 해결된다. 여섯 번째 학생이 의자에 앉는 순간, 종업원은 여학생이 두 번째 학생이라는 걸 깜빡 잊고 일곱 번째 학생으로 센 것이다. 두 번째 학생이 의자에서 내려와 여섯 번째 의자에 앉은 것이니, 일곱 번째 학생이 앉을 의자는 없다.

이 역설은, n개의 원소를 가진 유한집합은 역시 n개의 원소를 가진 다른 유한집합하고만 일대일 대응 관계가 성립한다는 정리에 위배되는 것처럼 보인다. 이 정리는 나중에 '무한 호텔'의 파라독스에서 무한집합을 다룰 때 다시 살펴볼 것이다. 여섯 개의 의자에 얽힌 미스터리는 유한집합과 무한집합의 차이점을 잘 보여주는 흥미로운 예이다.

인구는 계속 줄고 있다?

맹 교수 : 사람들은 세계 인구가 빠른 속도로 증가하고 있다고 말한다.

그렇지만 산아제한에 반대하는 여성동맹 회장인 날대로낳아 여사는 정반대 주장을 편다. 그녀는 오히려 세계 인구는 줄어들고 있으며, 머지않아 모든 사람은 필요한 공간보다 훨씬 많은 공간을 누리며 살게 될 것이라고 말한다.

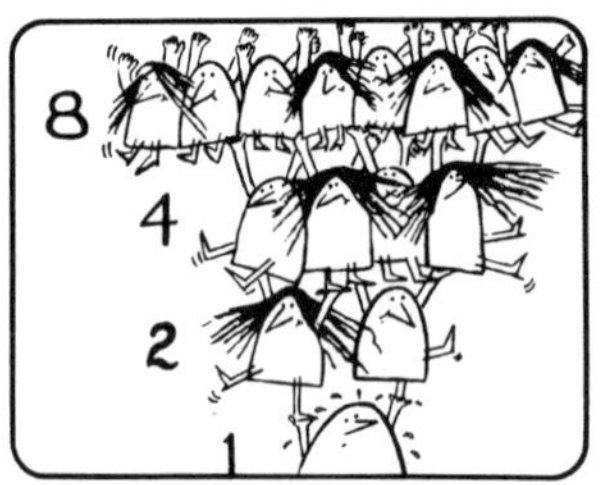

어디 그녀의 주장을 한번 들어보자.

날대로낳아 여사 : 모든 사람에게는 부모가 두 명씩 있다. 그런데 그 부모에게는 각각 두 명씩의 부모가 있다. 즉 한 사람 위에는 네 명의 조부모가 있다. 그런데 그 조부모 두 사람에게는 또 각각 두 명의 부모가 있다. 따라서 조상의 수는 한 세대를 올라갈 때마다 두 배씩 늘어난다.

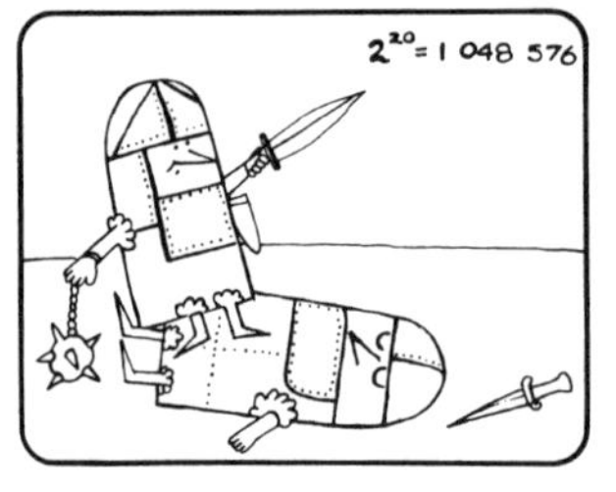

날대로낳아 여사 : 이런 식으로 중세시대까지 거슬러 올라가면, 오늘날 살고 있는 한 사람의 조상 수는 자그마치 104만 8576명이나 된다. 오늘날 살아 있는 모든 사람들에게 이만한 수의 조상이 있다면, 중세시대의 인구는 오늘날의 약 100만 배였을 것이다.

날대로낳아 여사의 주장은 물론 틀렸다. 어디가 잘못되었을까?

아래의 두 가지 조건만 충족된다면 날대로낳아 여사의 주장은 옳다.

1. 현재 살아 있는 각 사람의 조상을 나타낸 가계도(편의상 여기서는 나무라고 하자)에 어떤 사람도 두 번 이상 나타나서는 안 된다.

2. 같은 조상이 또 다른 사람의 조상을 나타낸 나무에 나타나서는 안 된다.

그러나 모든 경우에 대해 두 가지 가정 중 어느 것도 충족되지 않는다. 예를 들어 어떤 부부가 아이를 다섯 명 낳고, 그 아이들이 다시 각각 아이를 다섯 명씩 낳는다면, 그 부부는 손자 스물다섯 명의 나무 위에 조부모로 나타날 것이다. 게다가 시간을 거슬러 올라가다 보면, 어떤 나무든지 간에 먼 친척 간의 결혼 때문에 서로 겹치게 된다.

날대로낳아 여사는 한 나무 위에 반복적으로 나타나는 조상뿐만 아니라, 각 개인의 나무들이 위로 올라갈수록 무수히 교차한다는 사실을 전혀 고려하지 않는 잘못을 저질렀다. '여섯 개의 의자에 얽힌 미스터리'의 역설에서는 한 사람만을 두 번 셌을 뿐이지만, 날대로낳아 여사는 수백만 명 이상의 사람을 수백만 번 이상 되풀이해서 세었다.

수를 두 배씩 계속 늘려갈 때, 그 증가 속도가 아주 빠른 데 대부분의 사람들은 놀란다. 만약 어떤 사람이 여러분에게 오늘은 1원, 내일은 2원, 모레는 4원……을 준다고 하면, 20일째에는 100만 원 이상을 주어야 한다!

이처럼 계속 두 배씩 늘어나는 급수에서 처음 20개 항의 합을 구하는 간단한 방법은 없을까? 물론 있다. 맨 마지막 항에 2를 곱한 다음, 1을 빼면 된다. 20번째 항은 1048576이다. 따라서 20번째 항까지의 합은

$$(2 \times 1048576) - 1 = 2097151$$

이 방법을 사용하면, 두 배씩 늘어나는 급수에서 어떤 부분적인 합도 쉽게 구할 수 있다. 물론 이 방법이 항상 성립한다는 걸 간단하게 증명할 수 있다. 여러분이 직접 한번 증명해보라.

그림을 사고 판 이익은?

맹 교수 : 갑은 자신의 그림 중 하나를 을에게 50만 원을 받고 팔았다.

갑 : 을 당신은 아주 수지 맞은 거요. 10년 안에 그 그림은 값이 10배로 뛸 거요.

을은 그 그림을 거실에 걸어놓았으나, 며칠이 지나자 그 그림에 싫증이 났다. 그래서 그는 그림을 40만 원을 받고 갑에게 돌려주었다.

1주일 후, 갑은 그 그림을 병에게 45만 원을 받고 팔았다.

갑 : 병, 당신은 횡재한 거요. 10년 안에 그 그림은 값이 50배 이상 뛸 거요.

갑은 매우 만족했다.

갑 : 처음에 나는 그 그림을 50만 원에 팔았지. 그것은 그동안에 든 나의 시간과 재료를 보상해주는 거니까 이익도 손해도 없는 정당한 가격이다. 그런데 그것을 다시 40만 원에 사서 45만 원에 팔았으니 5만 원의 이익을 본 셈이군.

그렇지만 을의 생각은 다르다.

을 : 그 서투른 화가는 그 그림을 50만 원에 팔았다가 다시 40만 원에 사갔다. 따라서 그가 얻은 순이익은 10만 원이다. 그 다음에 그것을 45만 원에 판 것은 생각할 필요가 없다. 왜냐하면 그것은 그 별볼일 없는 그림을 제값을 받고 판 것이니까.

병의 생각은 또 다르다.

병 : 갑은 그의 그림을 50만 원에 팔았다가 40만 원에 되사면서 10만 원의 이익을 얻었다. 그리고 그것을 45만 원에 다시 팔아 5만 원의 이익을 더 얻었다. 따라서 그가 얻은 이익은 15만 원이다.

자, 과연 누구의 계산이 옳을까?

이 역설은 사람들을 헷갈리게 만들기 때문에 열띤 논쟁을 불러일으키기도 한다. 그렇지만 잘 생각해보면, 각각의 대답이 일리가 있는 것처럼 보이는 것은 용어의 정의가 명확하지 않기 때문임을 알 수 있다.

그림을 제작하는 데 든 비용이 얼마인지 정확하게 밝혀져 있지 않기 때문에 화가가 얻은 진짜 이익을 말하는 것은 불가능하다. 그림을 그리는 데 든 시간과 노력의 비용을 무시하고, 재료 비용만 10만 원이 들었다고 하자. 갑이 세 번의 거래를 통해 최종적으로 손에 쥔 금액은 55만 원이다. 만약 순이익을 총수입에서 비용을 뺀 것으로 계산한다면, 갑은 45만 원의 이익을 얻었다.

그렇지만 그림을 그리는 데 든 재료 비용이 얼마인지 정확하게 알 수 없기 때문에, 순이익을 계산할 수 있는 방법이 없다. 이 문제는 단순한 계산 문제로 보이지만, 실제로는 '순이익'이라는 용어의 정의에 관한 문제이다. 이 역설은 "숲 속에서 나무 하나가 쓰러질 때, 그 소리를 듣는 사람이 아무도 없다면, 소리가 날까, 나지 않을까?"라는 오래 된 역설을 떠올리게 한다. 여기서 '소리'가 무엇을 뜻하느냐에 따라 정반대의 대답이 나올 수 있다.

이미 2장의 맨 처음에 나오는 두 역설에서 단지 용어의 정의 때문에 치열한 논쟁이 벌어지는 예를 살펴본 바 있다.

숫자 9의 신비

숫자 9는 신비로운 성질을 지니고 있다.
유명한 사람들의 출생일이나 사망일에는 모두 숫자 9가
숨어 있다는 사실을 아시는지?

조지 워싱턴을 예로 들어보자. 그는 1732년 2월 22일에
태어났다. 이것을 하나의 숫자로 죽 늘어쓰면 1732222가
된다. 이제 이 숫자의 순서를 마음대로 바꾸어 다른 숫자
로 만든다. 예를 들어 2221732를 만들었다고 하자. 그런
다음, 큰 수에서 작은 수를 뺀다.
$2221732 - 1732222 = 989460$

이 수를 이루고 있는 모든 숫자를 더하면
$9+8+9+4+6+0=36$,
또 $3+6=9$.

케네디 대통령의 생일(1917년 5월 29일)이나 드골 대통
령의 생일(1890년 11월 22일) 또는 어떤 유명한 사람의
생일을 택하든지 간에 그 결과는 항상 9가 나온다. 과연
숫자 9는 유명한 사람의 출생일이나 사망일과 신비한 관
계가 있는 것일까? 여러분의 생일을 가지고 여러분도 유
명한 사람인지 한번 테스트해보라.

어떤 수를 이루는 모든 숫자를 합하는 과정을 계속 반복해가면, 결국에는 한 자리 숫자가 남게 되는데, 이 숫자를 원래의 수에 대한 '숫자의 근'이라 부른다. 숫자의 근은 원래의 수를 9로 나누었을 때 남는 나머지와 같다.

숫자의 근을 좀더 빨리 구하는 방법은 각각의 숫자를 더해가면서 계속 9를 빼주면 된다. 예를 들어 6과 8이 어떤 수를 이루는 처음의 두 숫자라 하자. 둘을 합하면 14이고, 1+4=5가 된다. 이 결과는 14에서 9를 뺀 것과 같다. 다시 말해서, 부분의 합이 두 자리 숫자가 될 때마다 그것을 더해 한 자리 숫자로 만든다. 그렇게 계속해나가면, 결국 숫자의 근이 나온다. 숫자의 근은 원래의 수를 모듈로 9 산술(흔히 mod 9로 표기함)로 나타낸 것이라고 말한다. 9를 9로 나누면 나머지는 0이므로, 9와 0은 모듈로 9 산술에서 똑같다.

계산기가 나오기 이전에 경리 직원들은 큰 수의 덧셈, 뺄셈, 곱셈, 나눗셈의 결과가 맞는지 확인하기 위해 종종 '모듈로 9 산술'을 사용했다. 예를 들어 B라는 수에서 A라는 수를 빼서 C가 나왔다고 하자. 그렇다면 B의 숫자의 근에서 A의 숫자의 근을 뺀 것은 C의 숫자의 근과 같아야 한다. 원래의 계산이 정확하다면 숫자의 근도 일치해야 하지만, 이것은 완전한 검산은 아니다. 그렇지만 숫자의 근이 같지 않다면 계산 과정에 잘못이 있음을 즉시 알 수 있다. 모듈로 9 산술을 이용한 검산은 마찬가지로 덧셈, 곱셈, 나눗셈 등에도 적용할 수 있다.

이러한 기초 지식을 알았으므로, 이제 유명한 사람의 생일에 숨어 있는 비밀을 살펴보자. 여러 개의 숫자로 이루어진 어떤 수 N을 생각하고, 그 숫자들의 순서를 마구 바꾼 어떤 수를 N′라 하자. 그러면 N과 N′은 숫자의 근이 똑같다. 따라서 한 수의 숫자의 근에서 다른 수의 숫자의 근을 빼면 그 결과는 0이 된다. 그런데 앞에서 0은 9와 똑같다고 했다(모듈로 9 산술에서). 즉 두 수를 뺀 결과에서 숫자의 근을 구하면 0 또는 9가 된다. 다시 말해서, 어떤 수든지 그 수의 순서를 바꾼 다음, 큰 쪽에서 작은 쪽을 빼서 나온 값은 숫자의 근이

0(또는 9)이 된다.

그런데 두 수 N과 N′가 똑같을 때에만 최종적인 결과가 0이 나온다. 따라서 생일을 선택하여 그 숫자를 섞을 때 다른 수가 나오도록 해야 한다. 두 수가 똑같지만 않으면, 두 수의 차는 숫자의 근이 항상 9가 된다.

9가 지닌 신비한 성질을 이용한 마술 트릭은 이 밖에도 많다. 예를 들어 친구에게 지폐의 일련 번호를 적으라고 시킨다. 그리고 그 번호를 뒤섞어 다른 수를 하나 만들고, 큰 쪽에서 작은 쪽을 빼라고 시킨다. 그리고 그 결과에서 어떤 자리의 숫자든지 하나(단 0은 제외)를 빼라고 시킨다. 그리고 남은 숫자의 순서를 마음대로 바꾸어 일러달라고 한다. 그러면 등을 돌리고 앉아 있던 여러분은 친구가 뺀 숫자가 무엇인지 정확하게 알아맞힌다.

이 마술의 비밀은 간단하다. 두 수의 차는 숫자의 근이 9이다. 친구가 숫자들을 읽어주면, 암산으로 재빨리 숫자의 근을 구한다. 그리고 그 결과를 9에서 빼주면 정답이 된다(만약 숫자의 근이 9가 나왔다면 친구가 뺀 수는 9이다).

생일과 지폐 번호 트릭은 모듈로 산술을 이해하는 데 훌륭한 길잡이 역할을 한다.

운전사의 낭패

맹 교수 : 수학여행을 떠나기 위해 남학생 40명이 버스를 탔다.

또 다른 버스에는 여학생 40명이 역시 수학여행을 떠나기 위해 타고 있다.

출발하기 전에 운전사 갑과 을은 차를 마시며 잡담을 나누고 있다.

이때 남학생 10명이 몰래 차에서 내려와 여학생이 타고 있는 버스에 올라탔다.

여학생이 탄 버스를 모는 운전사 을은 버스에 올라서는
순간, 정원이 초과된 것을 알아챘다.

운전사 을 : 자자 그만! 이 버스에는 좌석이 40개밖에 없
어. 그러니 몰래 올라탄 10명은 빨리 버스에서 내려!

그래서 10명이 버스에서 내려 남학생이 타고 있는 버스
에 올라탔는데, 그 10명 중에는 남학생과 여학생이 섞여
있었다. 각각 40명씩의 승객을 태운 버스는 목적지를 향
해 출발하였다.

그런데 나중에 운전사 을은 의문이 생겼다.
운전사 을 : 내 차에 남학생 몇 명이 올라탔고, 대신에 여
학생 몇 명이 남학생 버스로 옮겨갔다는 것은 확실하다.
그렇다면 남학생 버스에 탄 여학생과 여학생 버스에 탄
남학생의 수 중 어느 쪽이 더 많을까?

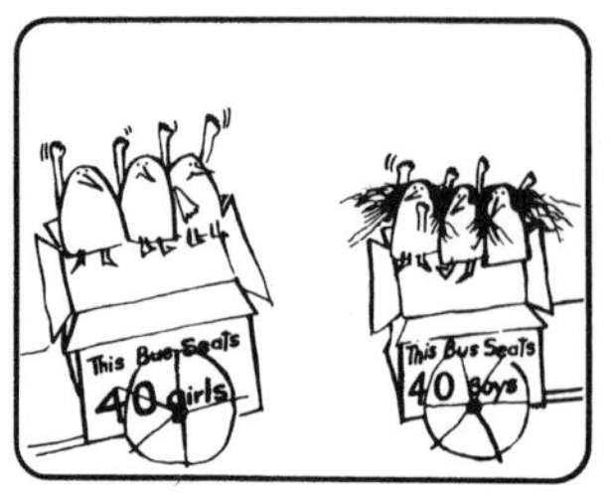

이상하게 보일지 모르지만, 여학생 버스에서 내린 10명 중에 남학생과 여학생의 수가 얼마인지에 상관없이, 여학생 버스에 탄 남학생 수와 남학생 버스에 탄 여학생 수는 똑같다.

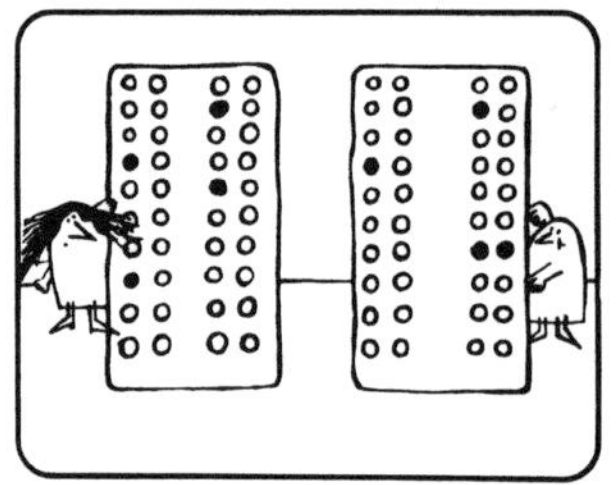

왜 그렇느냐고? 여학생 버스에 탄 남학생이 4명이라고 가정해보자. 그러면 남학생 버스에는 그 4명의 좌석이 비어 있을 것이고, 거기에 여학생이 앉아야 한다. 여학생 버스에 탄 남학생의 수가 얼마이든 이것은 항상 성립한다.

이 역설은 카드를 사용하면 쉽게 설명할 수 있다. 먼저 카드 한 벌을 검은색과 빨간색으로 26장씩 나눈다. 친구에게 그 중의 한 뭉치에서 카드 몇 장을 빼내어 다른 뭉치 위에 올려놓으라고 시킨다. 예를 들어 빨간색 카드 뭉치에서 13장을 빼내 검은색 카드 뭉치에 올려놓았다고 하자. 이것을 잘 섞은 다음, 똑같은 수(이 경우에는 13장)의 카드를 빼내어(어떤 위치에 있는 것이든 마음대로) 이번에는 빨간색 카드 뭉치 위에 올려놓는다. 이 카드 뭉치도 잘 섞는다.

두 카드 뭉치를 조사해보면, 검은색 카드 뭉치에 들어간 빨간색 카드의 수는 빨간색 카드 뭉치에 들어간 검은색 카드의 수와 똑같다. 이것의 증명법은 두 버스에 잘못 올라탄 남학생과 여학생의 수가 같다는 증명법과 같다.

카드 트릭 중에는 이 원리를 이용한 것이 많다. 이 원리가 아주 교묘하게 숨

거져 있는 트릭을 알아보자. 52장으로 된 카드 한 벌을 반반씩 똑같은 수로 나 눈 다음, 그 중 한 뭉치를 위로 뒤집고, 두 뭉치를 합쳐 잘 섞는다. 이렇게 마 구 섞인 카드를 친구들에게 보여주되, 뒤집혀 있는 있는 카드의 수가 정확하 게 26장이라는 사실을 알려주어서는 안 된다. 한 친구에게 카드를 마구 섞은 다음, 26장을 달라고 말한다.

그리고 친구에게 이렇게 말한다. "지금부터 내가 마술을 부려 내가 가진 카 드 중 뒤집힌 카드의 수가 네가 가진 카드 중 뒤집힌 카드의 수와 똑같게 해보 겠다."

그러고는 친구가 가진 카드를 식탁 위에 죽 펼치라고 한다. 그 동안에 여러 분은 친구들이 눈치채지 않게 손에 든 카드를 한 번 뒤집은 다음 식탁 위에 죽 펼친다. 뒤집혀 있는 카드의 수를 세어보면 친구의 카드 뭉치와 똑같다.

영리한 사람은 이 트릭의 비밀을 이미 눈치챘을 것이다. 여러분의 손에 든 카드를 뒤집지 않았을 때, 친구의 손에 있는 뒤집힌 카드의 수는 여러분이 가 진 카드 중 뒤집히지 않은 카드의 수와 같다. 그러므로 손에 든 카드를 뒤집으 면, 뒤집힌 카드의 수가 친구의 것과 똑같게 된다.

이번에는 오래 된 수수께끼를 하나 검토해보자. 컵 두 개를 준비하고, 한쪽 에는 물을, 다른 쪽에는 포도주를 똑같은 양만큼 채운다. 포도주 컵에서 포도 주를 한 방울 덜어내 물컵으로 옮기고 잘 섞는다. 그리고 거기서 다시 한 방울 을 덜어내 포도주 컵으로 옮긴다. 그러면 두 컵 중에서 다른 쪽의 액체를 더 많이 포함하고 있는 것은 어느 것일까?

정답은 똑같다는 것이다. 컵 속에 채우는 물과 포도주의 양을 얼마로 하든지 간에, 또는 액체를 아무리 잘 섞더라도 정답에는 변화가 없다. 또 한 컵에서 다 른 컵으로 옮기는 액체의 양을 변화시켜도 결과는 똑같다. 지켜야 할 유일한 조건은, 각각의 컵에는 맨 처음과 똑같은 양의 액체가 들어 있어야 한다는 것 뿐이다. 예를 들어 포도주 컵에서 얼마간의 포도주를 덜어냈다면, 그 빈 자리는 그것과 똑같은 양의 물로 채워져야 한다! 이 문제를 증명하는 방법은 서로 다른 버스에 탄 남녀 학생의 수가 똑같은 것이나, 카드 트릭에서 서로 뒤바뀐 빨간색 카드와 검은색 카드의 수가 똑같다는 것을 증명하는 방법과 같다.

이 물과 포도주 문제는 복잡한 대수학적인 방법으로 증명하려면 매우 복잡하지만, 올바른 직관만 있으면 간단하게 논리적으로 증명할 수 있음을 보여주는 좋은 사레이다.

도둑 맞았다!

맹 교수 : 접시 가게에서 낡은 접시 서른 개를 1000원에 두 개씩 팔고, 또 다른 접시 서른 개는 할인해 1000원에 세 개씩 팔았다. 그 날 저녁에 접시는 모두 팔렸다.

1000원에 두 개씩 판 접시 서른 개의 금액은 1만 5000원이다. 또 1000원에 세 개씩 판 접시 서른 개의 금액은 1만 원이다. 따라서 접시를 전부 판 총액은 2만 5000원이다.

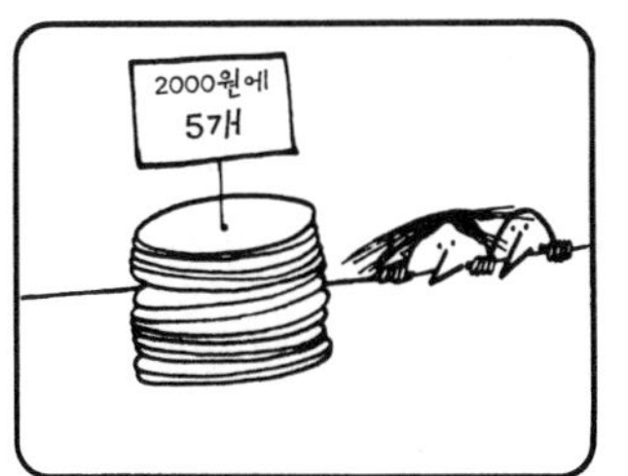

다음날 가게 주인은 또다시 예순 개의 접시를 내놓으면서 이렇게 생각했다. "귀찮게 두 가지로 나누어 팔 필요가 있을까? 어제처럼 1000원에 한쪽은 두 개, 다른 쪽은 세 개씩 나누어 팔 게 아니라, 다섯 개에 2000원씩 받고 파는 게 편하지 않을까?

저녁이 되자 접시는 2000원에 다섯 개씩 전부 다 팔렸다. 그런데 돈을 세어본 주인은 깜짝 놀랐다. 2만 5000원이 아니라 2만 4000원밖에 되지 않는 것이 아닌가!

모자라는 1000원은 어디로 갔을까? 점원이 꿀꺽했을까? 아니면 고객 중의 누군가가 돈을 더 받아갔을까?

사실은 가게 주인이 계산을 잘못한 것이다. 접시들을 따로 나누어 파는 것과 묶어 파는 것이 똑같다고 생각한 것 자체가 잘못이다. 다만 금액의 차가 1000원밖에 되지 않았기 때문에, 주인은 실수거나 아니면 누군가가 돈을 훔친 것이라고 생각했다.

이번에는 접시의 가격을 다르게 해서 검토해보자. 이번에는 비싼 접시는 2000원에 세 개씩(한 개의 값은 2000/3원), 싼 접시는 1000원에 두 개씩(한 개의 값은 500원) 판다고 하자. 또 이 둘을 합하여 다섯 개에 3000원씩 받고 판다고 치자. 비싼 접시와 싼 접시가 각각 서른 개씩 있었다면, 이것들을 각각 나누어 판 총액은 3만 5000원인 데 비해, 한데 묶어서 판 총액은 3만 6000원이다. 이번에는 묶어서 팔 때 1000원을 더 얻는다.

주인은 접시를 나누어 파나 묶어서 파나 아무 차이가 없을 것이라고 생각했지만, 나타난 결과는 그 생각이 잘못된 것임을 보여준다. 그 실수를 밝혀내려면, 대수학적으로 분석해야 한다. 비싸게 파는 접시 하나의 가격을 b/a라 하고, 싸게 파는 접시 하나의 가격을 d/c라 하자. 비싸게 판 접시는 1000원에 두 개이고, 싸게 판 접시는 1000원에 세 개였으므로, $a=2$, $c=3$, 그리고 b와 d는 각각 1000이지만 편의상 1로 놓자.

접시를 두 종류로 나누어 팔 때 접시 하나의 평균 가격은 $\dfrac{\frac{b}{a}+\frac{d}{c}}{2}$ 가 된다. 그런데 $(a+c)$개의 접시를 묶어서 $(b+d)$의 단일 가격에 팔 때 접시 하나의 평균 가격은 $\dfrac{b+d}{a+c}$ 이다. 접시를 두 종류로 나누어 다른 가격에 팔 때와 한데 묶어서 단일 가격으로 팔 때의 총판매액이 같으려면,

$$\frac{\frac{b}{a}+\frac{d}{c}}{2} = \frac{b+d}{a+c}$$

의 관계가 성립해야 한다.

그러나 이 문제에서 이 등식이 성립하기 위한 조건은 $a=c$일 때뿐이다. 만약 $a > c$라면(이 문제의 예에서처럼 $a=3$, $c=2$, $b=d=1$일 경우), 접시를 한데 묶어서 파는 것이 더 이익이다. 그렇지만 $a < c$라면 접시를 한데 묶어서 파는 것이 따로 파는 것보다 오히려 손해이다.

이 역설은 서로 다른 품목을 한데 묶어서 파는 것을 살 때 그것이 과연 이익인지 손해인지 판단하기가 얼마나 어려운지 보여준다.

마방진

맹 교수 : 종이 위에 왼쪽 그림처럼 가로, 세로 네 칸으로 된 방진을 그리고, 1부터 16까지의 수를 적어넣는다. 이제 여러분을 깜짝 놀라게 할 염력을 보여주겠다. 여러분은 이 방진 속에서 네 개의 숫자를 마음대로 선택할 수 있는데, 결국은 내가 원하는 대로 선택하게 될 것이다.

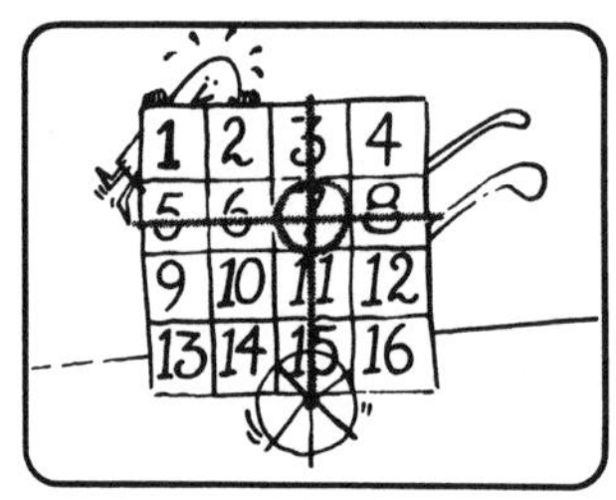

맹 교수 : 자, 첫 번째 숫자를 선택했으면 그 숫자에 동그라미를 치고, 그 숫자의 가로줄과 세로줄에 있는 모든 숫자를 지워라. 예를 들어 7이라는 숫자를 선택했다고 치자.

나머지 숫자 중에서 두 번째 숫자를 선택하여 동그라미를 치고, 역시 그 숫자의 가로줄과 세로줄에 있는 다른 숫자들을 지운다. 세 번째 숫자도 선택하여 마찬가지로 하면, 맨 마지막에 숫자가 하나만 남을 것이다. 이것을 네 번째 숫자로 하여 동그라미를 친다.

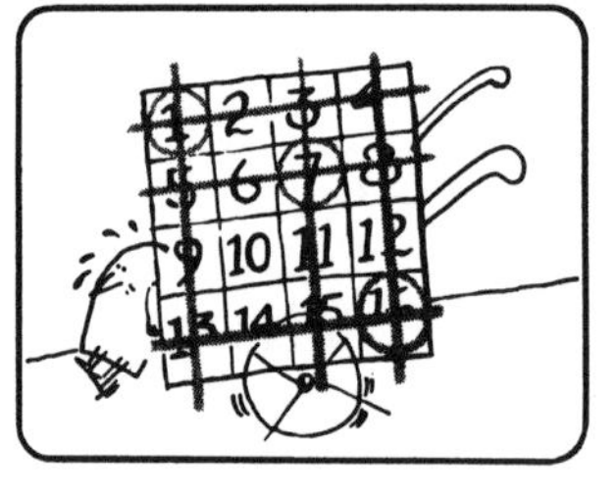

맹 교수 : 이렇게 하면 방진은 왼쪽 그림과 비슷한 모양을 하고 있을 것이다. 이제 여러분이 선택한 숫자 네 개의 합을 구해보라.

맹 교수 : 다 계산했는가? 그것은 34일 것이다. 어떻게 알았느냐고? 내가 염력으로 여러분의 마음을 조종한다고 하지 않았던가?

왜 이 방진에서 우리가 선택하는 숫자 네 개의 합은 34가 되었을까? 이 수수께끼의 비밀은 매우 천재적이면서도 간단하다. 가로, 세로가 네 칸씩으로 된 방진의 위쪽에는 1, 2, 3, 4라 쓰고, 방진의 왼쪽 옆에는 위에서부터 차례로 0, 4, 8, 12라 쓴다.

	1	2	3	4
0				
4				
8				
12				

이 여덟 개의 숫자는 마방진의 '모(母)숫자'라 부른다. 각각의 칸에는 위와 왼쪽에 있는 두 모숫자의 합이 되는 수를 적어넣는다. 이렇게 하여 방진의 모든 칸을 채우면, 1에서부터 16까지의 수가 차례로 들어가게 된다.

	1	2	3	4
0	1	2	3	4
4	5	6	7	8
8	9	10	11	12
12	13	14	15	16

자, 그러면 맹 교수의 말대로 네 개의 숫자에 동그라미를 치면 어떻게 되는지 알아보자. 그의 지시대로 충실히 따른다면, 같은 가로줄이나 세로줄에 있는 숫자는 두 개 이상 선택될 수 없다. 동그라미를 친 숫자는 각각의 모숫자의 합이므로, 동그라미를 친 네 개의 숫자의 합은 여덟 개의 모숫자를 전부 합한 것과 같다. 그 합은 34이므로 동그라미를 친 네 개의 숫자의 합은 항상 34가 된다.

이 마방진의 비밀을 이해했으면, 어떤 크기의 마방진이라도 만들 수 있다. 예를 들어 가로, 세로 각각 여섯 칸으로 된 마방진을 한번 만들어보자. 이 방진에는 열두 개의 모숫자가 있는데, 이 모숫자들은 칸 속의 숫자들을 임의로 보이도록 선택했다는 사실에 주목하라.

	4	1	5	2	0	3
1	5	2	6	3	1	4
5	9	6	10	7	5	8
2	6	3	7	4	2	5
4	8	5	9	6	4	7
0	4	1	5	2	0	3
3	7	4	8	5	3	6

모숫자들의 합은 30이다. 따라서 맹 교수의 지시대로 여섯 개의 숫자를 선택하면 그 합은 언제나 30이 된다. 즉 이 필연적인 수(합)는 애초부터 결정되어 있는 것이다.

마찬가지로 칸의 수가 백 개인 마방진도 만들 수 있으며, 선택된 숫자의 합은 올해의 연도라든가 가족의 생일이라든가 마음대로 정할 수 있다. 음수가 포함된 마방진도 가능할까? 물론이다. 모숫자는 음수이든 양수이든, 유리수이든 무리수이든 상관이 없다.

그러면 선택된 숫자들을 더하는 것이 아니라 곱하는 마방진도 만들 수 있을까? 물론 가능하다. 마방진의 기본적인 구조는 똑같으며, 선택된 숫자들의 곱은 모숫자들을 전부 곱한 것과 같다. 또 호기심이 많은 사람은 복소수를 사용할 경우에는 어떤 일이 일어나는지 조사해보고 싶은 생각이 들 것이다.

알쏭달쏭한 유언

맹 교수 : 어느 돈 많은 변호사는 고가의 골동품 자동차 (대당 약 2억 원) 열한 대를 소유하고 있었다.

그런데 그가 죽을 때 남긴 유언이 좀 아리송했다. 유언에 따르면, 세 아들에게 열한 대의 자동차를 나누어주었는데, 장남은 그 중의 1/2을, 차남은 1/4을, 그리고 막내는 1/6을 가지라고 적혀 있었다.

세 아들들은 골머리가 아팠다. 어떻게 열한 대의 자동차를 1/2, 1/4, 1/6로 나눈단 말인가?

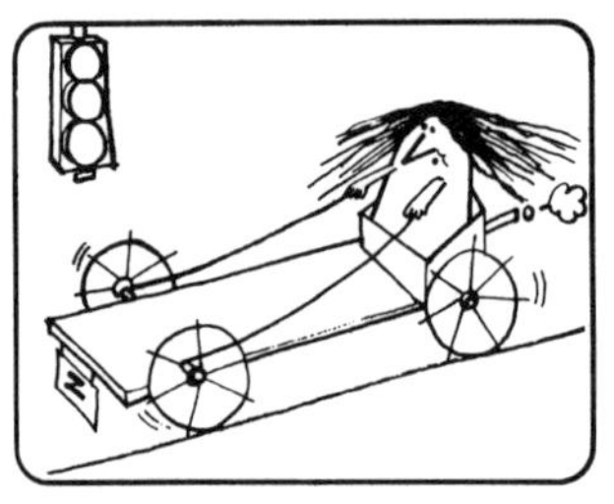

세 아들은 의논을 한 끝에 유명한 수학자인 간단해 여사에게 상의하기로 하였다.

간단해 여사 : 안녕! 얘들아! 그래 무슨 문제로 골머리를 썩이고 있니? 무엇을 도와줄까?

설명을 듣고 난 간단해 여사는 자기가 몰고 온 차를 열한 대의 자동차 옆에 세우고 차에서 내렸다.

간단해 여사 : 자 봐라. 이제 자동차가 전부 몇 대지? 열두 대지?

그러고 나서, 간단해 여사는 변호사의 유언을 집행하기 시작했다. 그녀는 열두 대 중의 절반인 여섯 대를 장남에게 주었다. 그리고 차남에게는 12의 1/4인 세 대를 주었고, 막내에게는 1/6인 두 대를 주었다.

간단해 여사 : 6＋3＋2＝11이니까, 한 대가 남지? 그것은 물론 내 차야.

간단해 여사는 자신의 자동차에 올라타 시동을 걸었다.

간단해 여사 : 너희들을 도울 수 있게 되어 다행이구나. 사례금 청구서는 우편으로 보내마.

아라비아의 원래 이야기에서는 자동차가 아니라 말이 등장하지만, 여기서는 그것을 현대적으로 변형시켰다. 자동차의 수나 그것을 분배하는 비율은 얼마든지 변형시킬 수 있다. 다만 고인의 유언을 집행하는 데에는 자동차 한 대를 빌리는 것이 필요하며, 유언을 집행한 뒤에 자동차가 한 대 남도록 한다는 조

건을 충족시켜야 한다.

예를 들면, 열일곱 대의 자동차를 1/2, 1/3, 1/9로 나누어 가지라는 문제를 낼 수도 있다. 만약 n대의 자동차를 $1/a$, $1/b$, $1/c$의 비율로 나누라고 한다면, 이 역설은 다음 방정식의 해가 자연수로 나올 때에만 성립한다.

$$\frac{n}{n+1} = \frac{1}{a} + \frac{1}{b} + \frac{1}{c}$$

물론 빌려오는 자동차의 수나 상속자의 수를 늘림으로써 문제를 더 복잡하게 만들 수도 있다.

이 역설을 푸는 열쇠는 유언에 나온 비율을 모두 합하면 1이 되지 않는다는 데 있다. 만약 유언을 정확하게 집행하기 위해 자동차를 잘라서 나누어 가진다면, 자동차 한 대의 11/12이 남게 될 것이다. 간단해 여사는 그 11/12을 세 아들에게 나누어줄 수 있는 좋은 방법을 제안하였다. 그래서 장남은 원래의 몫보다 6/12을, 차남은 3/12을, 막내는 2/12를 더 받은 것이다. 이것을 모두 더하면 11/12이다. 또 세 아들은 모두 자동차를 정수로 받았으므로, 자동차를 분해할 필요도 없다.

놀라운 암호

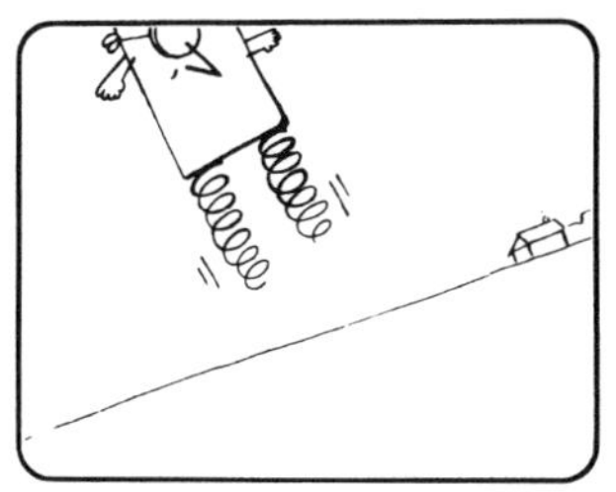

맹 교수 : 명쾌한 박사는 다른 시공간 차원에 존재하는 어느 은하에 살고 있는 과학자이다. 어느 날 명쾌한 교수는 지구를 방문해 인류에 관한 정보를 수집하기로 결심했다.

그는 지구에서 기발해 교수를 만났다.

기발해 교수 : 세계 대백과 사전을 가져가는 것이 어떨까요? 거기에는 인류의 모든 지식이 담겨 있어요.

명쾌한 박사 : 그거 참 정말 좋은 생각이군요. 그렇지만 너무 무거운데요.

명쾌한 박사 : 이 백과에 적힌 모든 내용을 암호로 바꾸어 이 금속 막대에 저장시키는 방법이 있어요. 막대 위에 선 하나만 긋는 것으로 충분해요.

기발해 교수 : 지금 농담하시는 거죠? 선 하나에 어떻게 그 많은 정보를 옮겨놓을 수 있단 말인가요?

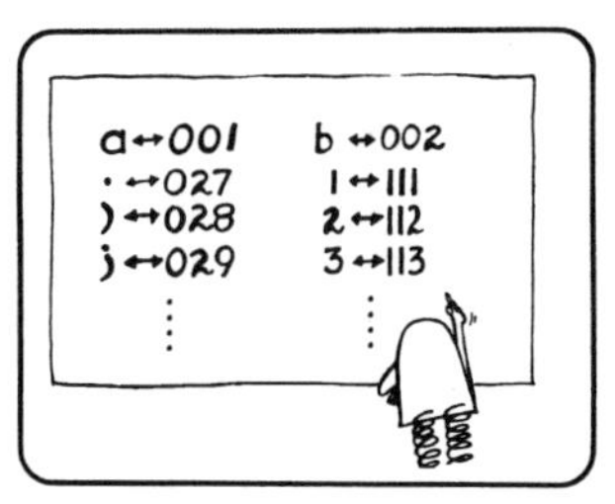

명쾌한 박사 : 그거야 간단하죠. 백과사전에 적힌 모든 문자나 기호라고 해봐야 1000개를 넘지 않죠. 각각의 문자나 숫자, 구두점 기호를 1부터 999까지의 부호로 바꿉니다. 그리고 모든 부호 숫자를 세 자리로 만들기 위해 필요하면 왼쪽에 0을 추가합니다.

기발해 교수 : 그래도 이해가 잘 안 가는걸요? cat(고양이)을 그 암호로 나타내면 어떻게 되죠?

명쾌한 박사 : 간단해요. 방금 내가 설명한 부호로 나타내면 cat은 003001020이 되지요.

휴대용 초고성능 컴퓨터를 이용하여 명쾌한 박사는 백과사전의 내용을 모두 입력시켜 한 줄의 거대한 숫자 암호로 바꾸었다. 그리고 그 숫자 앞에 0과 점을 찍어 소수로 만들었다.

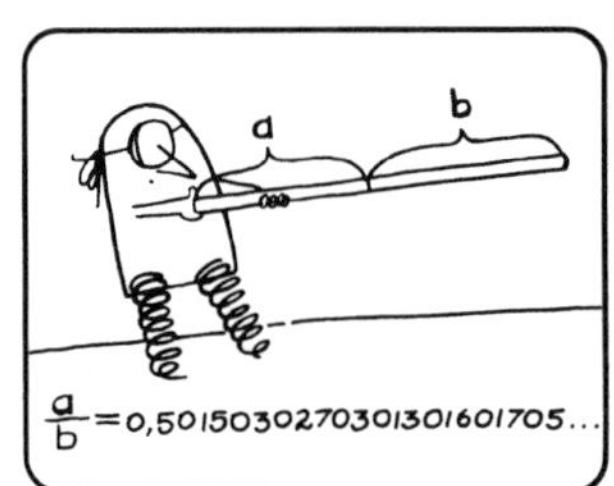

그 소수를 분수로 고쳤더니 a/b가 되었다고 하자. 명쾌한 박사는 금속 막대 위에 a와 b의 길이를 정확하게 나누는 지점을 표시하였다.

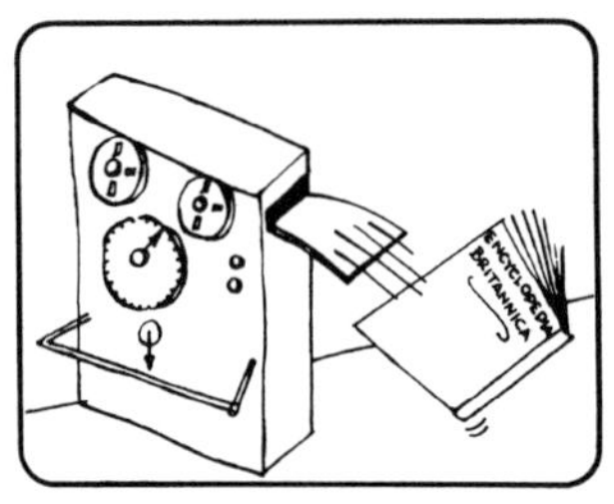

명쾌한 박사 : 내가 살고 있는 행성으로 돌아가면, 컴퓨터로 a와 b를 정확하게 계산하여 a/b를 구할 수 있죠. 그것을 소수로 고쳐 그 암호를 해독하면 백과사전의 모든 내용을 인쇄할 수 있습니다.

암호에 익숙하지 않은 사람은 여기에 소개한 암호를 사용해 간단한 메시지를 암호로 만들고 해독하는 데 흥미를 느낄 것이다. 암호는 일대일 대응 관계의 중요성을 잘 보여준다. 이러한 암호는 실제로 어려운 증명 이론에 사용된다. 쿠르트 괴델은 모든 실수를 포함할 수 있는 아무리 큰 공리 체계가 있다 하더라도, 그 공리 체계 내에서는 참, 거짓을 증명할 수 없는 정리가 존재한다는 불완전성 정리를 증명했다. 괴델이 사용한 증명 방법은 모든 정리를 고유한 큰 실수로 변화시키는 숫자 암호에 기초한 것이었다.

백과사전의 모든 내용을 암호화하여 막대 위에 선 하나를 그어 나타내는 것은 이론상으로는 가능하지만, 그렇게 정확하게 선을 긋는다는 것은 현실적으로 불가능하다. 왜냐하면 그 선의 굵기는 전자보다 더 작아야 하고, 막대의 두 길이를 측정하는 것 역시 그 정도로 정밀해야 하기 때문이다. 만약 명쾌한 박사의 소수를 정확하게 나타낼 만큼 막대의 두 부분을 정확하게 측정할 수 있다면, 명쾌한 박사의 방법은 일리가 있다.

수학자들은 π를 소수로 나타내면, 숫자가 무작위적으로 끝없이 계속된다고 믿고 있다. 이것이 사실이라면, 그 무한의 숫자 가운데 어떤 유한한 일련의 숫자도 다 들어 있을 것이다. 즉 어느 숫자 다음부터는 백과사전의 내용을 암호화한 숫자들이 나타날 수 있다. 그뿐만 아니라 지금까지 출판된 모든 책, 그리고 앞으로 나올 모든 책을 암호로 나타낸 숫자들도 π 안에 포함되어 있을 것이다.

무한 호텔

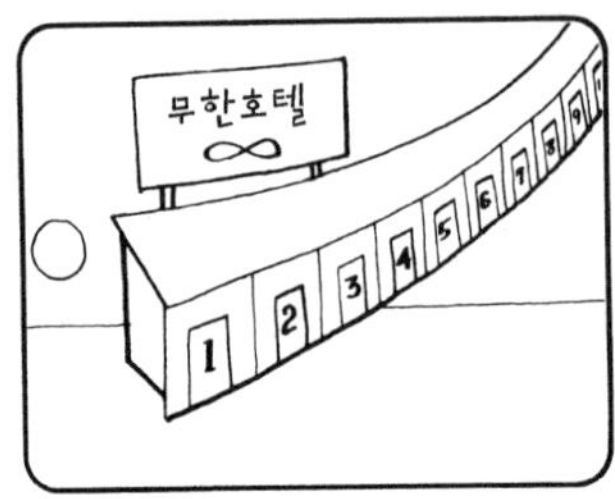

명쾌한 박사는 자기 행성으로 떠나기 전에 환상적인 이야기를 들려주었다.

명쾌한 박사 : 우리 은하의 중심에는 엄청나게 큰 호텔인 무한 호텔이 있어요. 이 호텔에는 무한 개의 방이 일렬로 죽 늘어서 있고, 그 끝은 블랙 홀로 연결되어 다른 차원으로 이어진답니다. 당연히 방 번호는 1에서부터 시작하여 무한대까지 있습니다.

명쾌한 박사 : 어느 날, 호텔의 방이 모두 찼는데, 비행접시를 타고 온 한 우주인이 와서 방을 달라고 했지요.

명쾌한 박사 : 그런데 방이 모두 찼음에도 불구하고, 지배인은 이 우주인에게 방을 하나 마련해주었습니다. 그는 단지 각 방의 손님에게 그 다음 방으로 옮겨달라고 부탁했을 뿐이었지요. 그러자 1호실이 비게 되었지요.

명쾌한 박사 : 그 다음날에는 신혼부부 다섯 쌍이 무한 호텔을 찾아왔지요. 호텔은 그들에게도 방을 마련해주었을까요? 물론이지요. 지배인은 이번에는 모든 손님에게 방을 다섯 칸씩 옮기라고 부탁했지요. 그래서 1호실에서 5호실까지 빈 방이 생겼습니다.

명쾌한 박사 : 주말이 되자, 이번에는 무한한 수의 상인들이 회의를 하기 위해 무한 호텔에 몰려왔습니다.

기발해 교수 : 유한한 수의 사람들에게 무한 호텔이 방을 마련해주는 것은 이해할 수 있어요. 그렇지만 무한한 수의 손님에게는 어떻게 방을 마련해줄 수 있나요?

명쾌한 박사 : 그것 역시 식은죽 먹기였지요. 지배인은 각 방에 든 손님에게 자기 방 번호의 두 배가 되는 방으로 옮겨달라고 부탁했지요.

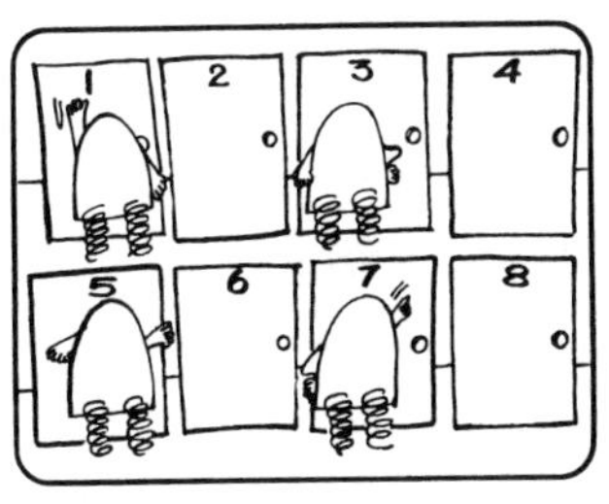

기발해 교수 : 그렇군요! 그렇게 하면 각 방에 있던 손님들은 모두 짝수 번호의 방으로 옮겨가고, 홀수 번호의 방이 비겠군요. 홀수의 개수도 무한하니까 홀수 번호의 방에다가 상인들을 투숙시키면 되겠군요.

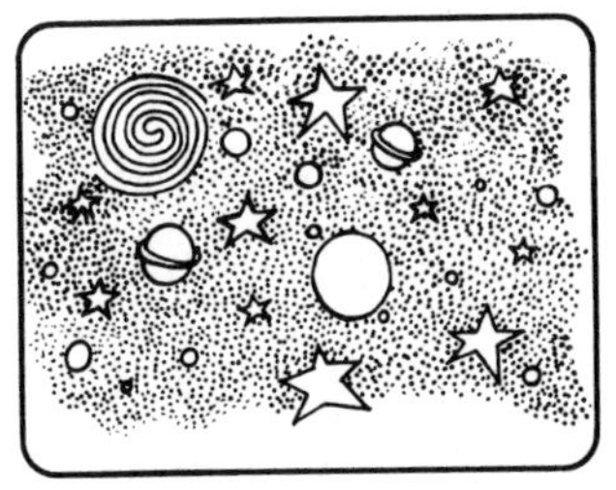

무한 호텔은 무한의 수에 관한 많은 역설 중 하나이다. 그런데 무한에도 여러 단계가 있다! 정수는 여러 계단의 무한 중에서 가장 낮은 단에 위치한 무한이다. 그 다음 단의 무한은 우주 전체에 존재하는 점들의 수이고, 세 번째 단의 무한은 그것보다 훨씬 더 크다!

독일 수학자 게오르크 칸토어(Georg Cantor)는 이러한 무한의 사닥다리를 발견했다. 그는 이러한 무한집합들에 각각 알레프-0, 알레프-1, 세 번째 수를 알레프-2, …라는 식으로 이름을 붙였다(알레프는 히브리어 알파벳의 첫 문자이다).

유한집합의 경우, 그 자신의 부분집합과 일대일 대응 관계가 성립하지 않는다. 그러나 무한집합에서는 이 불가능이 사라진다. 이것은 전체는 부분보다 크다는 법칙에 어긋나는 것처럼 보인다. 실제로 무한집합은 그 자신의 부분집합과 일대일 대응 관계가 성립하는 집합이라고 정의할 수 있다.

무한 호텔의 지배인은 빈 방을 한 개 또는 다섯 개를 새로 만듦으로써 정수로 이루어진 무한집합(알레프-0)이 어떻게 자신의 부분집합과 일대일 대응할 수 있는지 보여주었다. 이 과정은 전체집합에서 유한한 수의 원소를 남긴 채 원소의 수가 무한인 부분집합을 떼내는 것으로 변형할 수도 있다.

이러한 종류의 뺄셈을 좀더 극적으로 보여주는 예가 있다. 무한대의 길이를 가진 자 두 개가 식탁 위에 평행으로 놓여 있다고 가정하자. 눈금 0이 매겨져 있는 두 자의 한쪽 끝부분은 식탁 한가운데에 놓여 있다. 두 자는 눈금이 센티미터 단위로 매겨져 있고, 오른쪽으로 무한대까지 뻗어 있다. 따라서 두 자의 눈금은 정확하게 똑같은 위치에 있어, 0-0, 1-1, 2-2…… 등으로 일대일 대응 관계가 성립한다. 이번에는 한 자를 오른쪽으로 n센티미터만큼 밀었다고 생각해보자.

만약 한 자를 3 cm만큼 민 다음, 정지해 있는 자와 눈금을 비교해보면, 두 자의 눈금은 0-3, 1-4, 2-5……로 일대일 대응할 것이다. 이제는 두 자의 눈금 사이에 n센티미터의 차이가 생겼지만, 그래도 두 자는 여전히 무한의 길이를 가지고 있다. n의 값은 아무 수나 대입할 수 있으므로, 무한에서 무한을 뺄 때에는 수수께끼 같은 일이 일어난다!

호텔의 지배인은 마지막으로 상인들에게 무한 개의 방을 마련해주었다. 이것은 무한에서 무한을 빼도 무한이 남을 수 있음을 보여준다. 모든 정수를 모든 짝수와 일대일 대응시키더라도, 홀수로 이루어진 무한집합이 남게 되는 것이다.

어떤 집합의 카디널 수는 그 집합의 원소의 수를 나타낸다. 예를 들면 cat이란 단어를 이루는 문자의 집합은 카디널 수가 3이다. 모든 유한집합의 카디널 수는 유한하다. 칸토어는 무한집합 사이에도 크기에 차이가 있다는 사실을 발견했다. 그는 히브리어 문자의 첫 글자인 알레프($\aleph$)를 사용해 무한집합의 카디널 수를 나타냈다. 알레프 옆에 붙는 작은 숫자는 무한의 종류를 나타낸다.

칸토어는 정수의 집합의 카디널 수를 알레프-0($\aleph_0$)이라 정했다. 짝수의 집합과 홀수의 집합도 카디널 수가 $\aleph_0$이다. 따라서, $\aleph_0 + \aleph_0 = \aleph_0$. 무한 호텔의 역설은 어떤 의미에서 $\aleph_0 - \aleph_0 = \aleph_0$가 될 수도 있음을 보여준다. 이 얼마나 황당한 수인가!

실수의 집합은 정수의 집합보다 좀더 큰 무한집합인데, 칸토어는 실수의 집합은 카디널 수가 $\aleph_1$(알레프-1)이라고 믿었다. 그는 유명한 '대각선 증명법'을 통해 실수의 집합은 정수의 집합과 정확하게 일대일 대응하지 않는다는 것을 보였다. 그는 또 실수의 집합은 선분 위에 있는 점들과 일대일 대응하며, 무한한 직선이나 정사각형, 무한한 평면, 정육면체 또는 우주 공간, 그리고 더 나아가 초입체나 초공간에 존재하는 모든 점들과도 일대일 대응한다는 것을 보였다.

칸토어는 2를 알레프의 멱으로 올리면, 지수에 있는 알레프와 일대일 대응시킬 수 없는 더 높은 차원의 알레프가 생긴다는 것을 증명했다. 따라서 알레프의 사닥다리는 무한까지 계속 이어진다.

실수의 집합의 카디널 수는 c로 알려져 있으며, '연속체의 멱'이라고 부른다. 칸토어는 아무리 노력해도 c가 알레프-1과 같다는 것을 증명할 수 없었다. 수십 년이 지난 후, 쿠르트 괴델과 폴 코헨(Paul Cohen)은 이 문제는 표준적인 집합론의 공리로는 풀 수 없다는 결론을 얻었다. 그 결과, 이제 집합론은 칸토어 집합론과 비칸토어 집합론으로 나뉘게 되었다. 칸토어 집합론에서는 $c=\aleph_1$이라고 가정한다. 비칸토어 집합론에서는 $\aleph_0$와 c 사이에 초한수가 무한 개 존재한다고 가정한다.

알레프 사이에 초월수가 존재하는가? 예를 들어 알레프-0보다는 크고, 알레프-1보다는 작은 수가 존재하는가? 칸토어는 그러한 수가 존재하지 않는다고 추측했는데, 이것은 '연속 가설'이라 알려져 있다. 연속 가설은 그 자체의 참, 거짓을 결정할 수 없다는 것을 증명함으로써 해결되었다. 이러한 상황은 유클리드의 평행선 공준을 증명할 수 없다는 사실이 밝혀진 후에 일어난 일과 비슷하다. 그 공준은 다른 가능성으로 대체되었고, 그 사건으로 기하학은 유클리드 기하학과 비유클리드 기하학으로 분리되었다.

4 장

통계의 파라독스

통계의 파라독스

숫자로 표시된 정보를 모으고 체계화하고 분석하는 통계학은 복잡한 현대 사회에서 갈수록 그 중요성이 부각되고 있다. 우리는 경제 상황을 나타내는 지수에서부터 치약의 효과를 수치로 나타낸 것에 이르기까지 매일 수많은 통계 결과와 여론 조사 결과를 접한다. 따라서 통계학에 대한 기초 지식이 없다면, 주어진 정보를 제대로 평가할 수도 없고, 그것에 바탕해 올바른 결정을 내리릴 수도 없다. 통계는 과학뿐만 아니라, 보험이나 공중 보건, 광고 등 다른 수많은 분야에서도 아주 중요한 역할을 한다.

이 장은 단순히 통계학의 기초를 소개하기 위한 것이 아니다. 대신 통계에 관한 흥미로운 역설을 소개함으로써 독자들에게 그 바탕에 있는 수학을 더 알고 싶은 호기심을 자극하고자 한다.

이 장은 통계에서 가장 기본적인 세 가지 측정값인 평균, 중앙값, 최빈수의 정의를 소개하는 간단한 이야기부터 시작한다. 그 다음에는 통계 자료를 잘못 이용한 사례(통계 자료를 이용한 교묘한 사기)를 소개해 사람들이 통계 결과에 쉽게 속아 넘어갈 수 있는 위험을 지적한다.

오늘날 많은 사람들은 점성술이나 초자연적 현상을 접할 때, 통계학에 대한 지식 부족 때문에 일어나기 힘든 우연의 일치처럼 보이는 사건에 깊은 인상이나 감명을 받곤 한다. 그러나 그러한 사건도 확률과 통계학적 입장에서 보면 전혀 놀랄 만한 일이 아니다.

예를 들어 유명한 생일 역설을 살펴보자. 무작위로 스물두 사람을 선택하

면, 그 중에서 태어난 달과 날이 똑같은 사람이 최소한 두 명 있을 확률은 1/2
이 약간 넘는다! 그리고 마흔 명 중에서라면 그 확률은 9/10까지 올라간다. 처
음에 사람들은 믿을 수 없다는 반응을 보이고 그 다음에는 40여 명이 모인 파
티에서 실제로 그런지 확인해보려고 한다. 이 역설 뒤에 숨어 있는 수학에 호
기심을 가진 사람이라면, 그 다음 단계로 왜 이러한 현상이 일어나는지 원리
를 이해하려고 든다. 이 장에 소개된 역설들은 바로 이런 방식으로 수학을 이
해하는 경이로운 디딤돌을 놓아줄 것이다.

놀라운 우연의 일치처럼 보이는 카드 트릭도 간단한 수학 법칙의 결과라는
사례도 소개될 것이다. 투표 역설은 결정 이론에서 연구된, 직관에 반하는 정
리 중에서도 가장 유명한 것이다. 결정 이론은 통계적 정보에 바탕해 합리적
인 결정을 내리는 수학 분야이다. 외로워 양의 이야기 역시 잘 알려지지 않은
놀라운 역설이다.

이 장의 끝 부분에는 오늘날 과학철학에서 가장 열띤 논쟁의 대상이 되고
있는 두 가지 역설, 곧 까마귀 역설과 '푸파란색' 역설이 소개된다. 두 역설은
과학 가설의 신뢰성을 평가할 때 통계가 얼마나 중요한지 보여준다.

사람들을 현혹시키는 평균

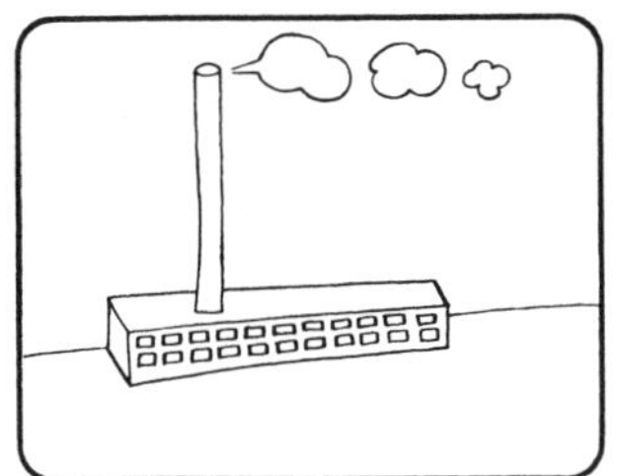

맹 교수 : 배나와 회사의 공장에서는 슈퍼 '배나와'를 생산한다.

이 회사의 이사회는 배나와 씨와 그의 동생, 그리고 친척 여섯 명으로 구성되어 있다. 사원으로는 작업반장 다섯 명과 직공 열 명이 있다. 그런데 일손이 달려 직공 한 사람이 더 필요하게 되었다.

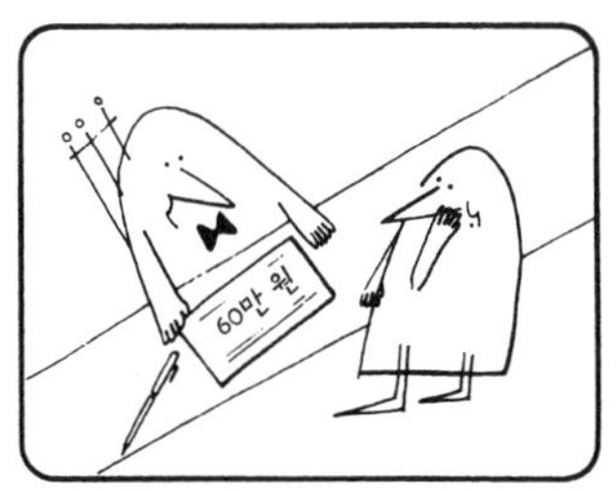

노동해 : 저는 '배나와' 회사에서 일하고 싶습니다. 이곳의 월급이 괜찮다고 들었거든요.

배나와 : 우리 회사의 월급은 아주 높은 편이지. 1인당 평균 60만 원이나 되니까. 단 수습 기간 동안에는 15만 원만 주지만, 월급은 아주 빨리 오르지.

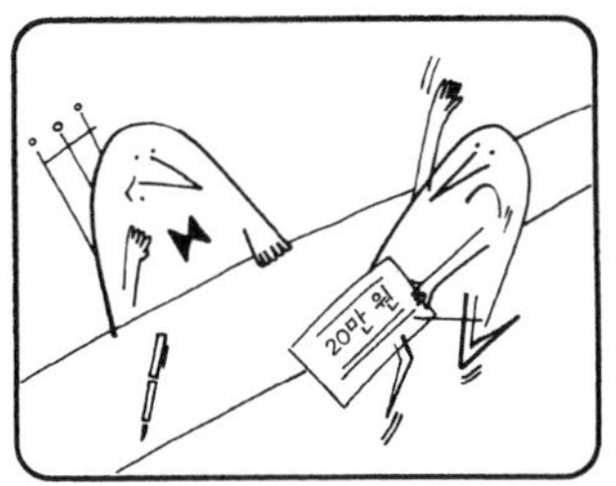

근무를 시작한 지 며칠 후 노동해는 사장 배나와 씨를 찾아갔다.

노동해 : "당신은 나를 속였어요. 다른 직공들에게 물어보았는데, 월급이 20만 원이 넘는 사람은 한 사람도 없었어요. 그러니까 처음에 평균 월급이 60만 원이라고 한 것은 거짓말이었지요?"

배나와 : 그렇게 흥분하지 말게. 1인당 평균 월급은 분명히 60만 원일세. 내가 알아듣기 쉽게 설명해줌세.

배나와 : 나는 매달 480만 원을, 내 동생은 200만 원을 받지. 그리고 내 친척 여섯 명은 각각 50만 원씩, 작업반장 다섯 명은 각각 40만 원씩, 직공 열 명은 각각 20만 원씩 받지. 따라서 매달 지급되는 월급 총액은 1380만 원이야. 이것을 23으로 나누면 60만 원이 되지. 이제 이해하겠나?

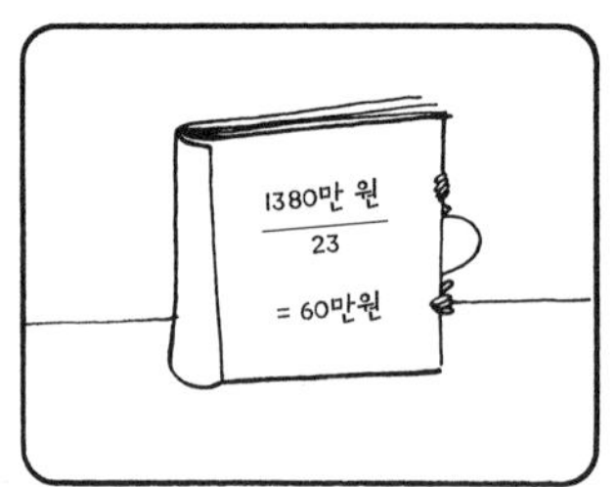

노동해 : 알겠어요. 당신 말은 맞아요. 평균 월급은 분명히 60만 원이 맞군요. 그러나 그래도 당신은 나를 속였어요.

배나와 : 천만에! 자넨 아직도 제대로 이해를 못하고 있어. 사람들이 받는 월급을 많은 것부터 적은 것의 순서로 차례로 죽 적어놓고, 그 한가운데에 위치한 40만 원을 평균으로 선택하는 방법도 있네. 그렇지만 그것은 정확하게는 중앙값이라고 부르지!

노동해 : 그러면 우리가 받는 변변치 못한 월급 20만 원은 어디에 있나요?

배나와 : 그건 최빈수라고 부르지. 즉 가장 많은 사람들이 만지는 월급을 말하지. 문제는 자네가 평균과 중앙값, 최빈수를 구별하지 못하는 데서 생긴 걸세.

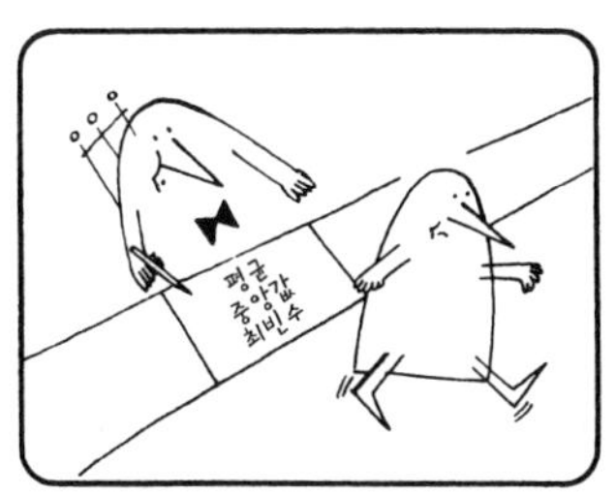

노동해 : 좋습니다. 이제 나도 사장님 말씀이 무엇인지 이해가 갑니다. 이해는 하지만 전 회사를 그만두겠어요!

통계의 결과는 역설적인 성격을 띨 수 있고, 때로는 거기에 속아 넘어가기 쉽다. 배나와 회사 이야기는 평균과 중앙값과 최빈수의 차이가 종종 오해의 원인이 될 수 있음을 보여준다.

산술평균의 준말인 평균은 하나의 중요한 통계 척도이다. 그렇지만 불행하게도 배나와 씨와 그 동생의 월급이 너무 높아 평균 월급은 일반 직공들이 생각하는 것과는 전혀 동떨어진 것이 되고 말았다.

평균에 관한 언급이 오해를 불러일으키는 상황은 그 밖에도 많다. 어떤 사람이 평균 수심이 60 cm인 연못에 빠져 죽었다는 기사를 읽는다면 의심스러운 생각이 들 것이다. 그러나 실제로 그 사람이 물에 빠져 죽은 지점은 수심이 3 m쯤 되는 곳이다.

어떤 회사는 주식이 주주 오십 명에게 분산돼 있어 민주적으로 운영된다고 주장하는데, 과연 그럴까? 총 600표의 의결권을 오십 명의 주주가 행사한다면, 한 사람당 평균적으로 12표의 의결권을 가진다. 그렇지만 그 중에서 마흔 다섯 명은 4표씩만 가지고, 나머지 다섯 명이 각각 84표씩 가지고 있다면, 1인당 평균 의결권은 12표라도 사실상 다섯 사람이 회사를 좌지우지하고 있는 셈이다.

소도시 돈두천의 경제를 살리기 위해 시장은 그 도시의 1인당 소득이 아주 높다고 선전하였다. 그러나 그 도시에 억만장자가 한 사람이라도 산다면, 시민 대부분의 실제 소득이 아주 낮더라도 1인당 소득은 상당히 높은 것으로 나타난다.

때로는 산술평균이 아니라, 중앙값이나 최빈수를 평균으로 사용할 때가 있기 때문에, 통계 자료는 사람들을 더욱 헷갈리게 한다. 중앙값은 자료를 크기 순으로 늘어놓았을 때 가장 중앙에 오는 값을 말한다. 만약 자료의 개수가 홀수라면, 중앙값은 가장 가운데 위치한 값이 된다. 또 자료의 개수가 짝수라면, 중앙값은 중앙에 위치한 두 값을 더해 2로 나눈 값이 된다.

노동해에게는 중앙값이 산술평균보다 더 유리한 값이긴 하지만, 그것 역시 평균 월급을 크게 왜곡시킨다. 노동해가 정작 필요로 하는 것은 자료 중에서 가장 많이 나타나는 값인 최빈수(이 경우에는 가장 많은 사원들이 받는 월급)일 것이다. 이 값은 다른 어떤 값보다 더 많이 나타나기 때문에, '전형적인 경우'라 부르기도 한다. 돈두천 시에서 전형적인 가정의 소득, 즉 최빈수는 가난한 수준인데도 불구하고 극소수의 부자들 때문에 1인당 평균 소득은 상당히 높게 나타날 수 있다.

장한 어머니

몇 달이 지난 후, 노동해의 아내는 시장으로부터 상을 받았다. 그녀는 '장한 어머니'로 뽑혔던 것이다.

〈돈두천의 목소리〉란 신문은 노동해 부부와 건강하게 자란 자녀 여덟 명의 사진을 실었다.

편집장 한심해 씨는 그 사진을 보고 매우 기뻐하였다. "정말 훌륭한 사진이야, 우 기자. 그런데 새로운 일이 생겼네. 가서 그 돈두천 시의 평균적인 가족의 사진을 찍어 오게."

그러나 우 기자는 편집장의 지시를 수행할 수 없었다. 왜냐고? 그 도시의 어느 가정에서도 평균적인 가족을 발견할 수 없었기 때문이다. 한 가정의 평균 자녀수는 2.5명이었던 것이다.

평균에 관해 많은 사람들이 오해하는 것 중 하나는 평균에 해당하는 어떤 실제적인 사례가 존재한다는 생각이다. 그렇지만 2.5명의 자녀를 둔 가정은 실제로 존재하지 않는다는 이 사례를 알고 나면, 평균에 해당하는 실제 사례가 존재하지 않는 그 밖의 예들이 많이 떠오를 것이다.

다음 예들을 검토해보면, 산술평균, 중앙값, 최빈수를 좀더 잘 이해할 수 있을 것이다.

1. 만약 편집장이 전형적인 가족(즉 최빈수)의 사진을 원한다면, 우 기자는 그러한 가족을 발견할 수 있을까?

(물론이다. 전형적인 경우는 항상 존재하며, 그것도 가장 많이 존재한다.)

2. 최빈수가 둘 이상 존재할 수 있을까? 예를 들어 두 명의 자녀를 둔 가족과 세 명의 자녀를 둔 가족을 모두 최빈수의 예로 내세울 수는 없을까?

(옳은 말이다. 만약 그 도시에 사는 5000세대 중 두 자녀를 둔 가족과 세 자녀를 둔 가족이 똑같이 1476세대이고, 나머지는 그것보다 많거나 적은 자녀를 가졌다면, 이 두 종류의 가족이 그 도시의 전형적인 가족을 대표한다.)

3. 만약 편집장이 중앙값의 가족을 원한다면, 우 기자는 그러한 가족을 언제라도 찾을 수 있을까?

(일반적으로는 가능하지만 항상 그렇지는 않다. 앞의 문제에서 본 것과 같이 도시 전체의 세대수가 짝수이고, 가장 중앙에 위치한 두 가족의 자녀수가 같지 않다면, 중앙값은 정수가 되지 않기 때문이다.)

세상은 얼마나 좁은가!

우연의 일치가 별이나 초자연적인 힘 때문에 일어난다고 생각하는 사람들이 있다.

서로 초면인 두 사람이 비행기 속에서 만나 수다를 떠는 내용을 들어보자.

왁자 씨 : 그러니까 당신은 제주도 출신이군요! 내 오랜 친구 소곤이는 제주도의 '○○고등학교' 교사랍니다.

지껄 씨 : 세상은 정말 좁군요! 소곤 씨는 내 아내와 가장 친한 친구인데요!

대부분의 사람들은 낯선 사람과 이야기하는 중에(특히 여행 중에) 서로가 함께 잘 아는 사람이 있다는 사실을 발견하고는 놀란다. MIT의 사회학자들은 미국에 사는 두 사람을 임의로 선택했을 때, 그들은 각자 약 1000명의 사람을 안다는 사실을 발견했다. 그렇다면 미국 인구를 1억 명으로 보았을 때, 두 사람이 서로를 알고 있을 확률은 약 10만분의 1이다. 그런데 두 사람이 공통의 친구를 알고 있을 확률은 100분의 1로 껑충 뛰어오르며, 앞에 소개한 예에서처럼 중간에 친구를 하나 끼워넣으면, 서로가 아는 사람이 나올 확률은 99/100 이상이 된다. 다시 말해서, 왁자 씨와 지껄 씨를 미국에서 임의로 선택한 두 사람이라고 하더라도, 지껄 씨가 아는 어떤 사람을 알고 있는 사람을 왁자 씨가 알고 있을 확률은 거의 100퍼센트에 가깝다는 것이다.

심리학자 스탠리 밀그램(Stanley Milgram)은 '좁은 세상' 문제에 다른 방식으로 접근해보았다. 그는 우선 사람들을 임의로 선택해 최초의 집단을 만들고, 그들에게 문서를 하나씩 나누어주었다. 그들의 임무는 그 문서에 적힌 낯선 사람, 즉 자신이 살고 있는 곳에서 아주 멀리 떨어진 곳에 살고 있는 사람에게 그 문서를 전달하는 것이었다. 각자는 그것을 자신이 직접 전달하는 것이 아니라, 자신이 판단하기에 그 목표 인물을 잘 알고 있으리라 생각되는 사람에게 우편으로 전달해야 했다. 그러면 그 사람도 역시 마찬가지로 그 사람을 잘 알고 있으리라 생각되는 사람에게 우편으로 전달하고, 이렇게 릴레이식으로 목표 인물에게 그 문서를 전달하는 것이었다. 이 실험을 통해 밀그램은 최초의 전달자와 목표 인물 사이를 연결하는 데 필요한 중간 인물의 수는 2~10명으로 다양하게 나타나며, 중앙값은 5명이라는 결과를 얻었다. 그런데 그가 최초의 전달자들에게 중간 단계가 얼마나 필요할 것 같느냐는 질문을 했을 때, 대부분의 사람들은 약 100명은 필요할 것이라고 대답하였다.

이 실험은 사람들이 공통의 친구망(網)을 통해 얼마나 촘촘하게 서로 연결돼 있는지 보여준다. 그렇기 때문에 타향에서 만난 전혀 모르는 두 사람이 공통으로 아는 사람이 있다는 사실은 그다지 놀랄 만한 일이 아니다. 이러한 네트워크는 다른 기묘한 통계적 현상, 예컨대 소문이나 스캔들이나 농담이 금방 퍼지는 이유를 잘 설명해준다.

성급한 결론

맹 교수 : 통계에 따르면 보통 속도로 달리는 자동차들이 시속 150 km로 달리는 자동차들보다 더 많은 사고를 일으킨다고 한다. 그렇다면 빠른 속도로 달리는 것이 더 안전하다는 결론을 내릴 수 있을까?

전혀 그렇지 않다. 통계 자료가 일치한다고 해서 성급하게 원인과 결과를 직접 연관지어서는 안 된다. 대부분의 운전자들은 보통 속도로 차를 몰기 때문에 대부분의 사고가 그 속도에서 일어나는 것은 지극히 당연하다.

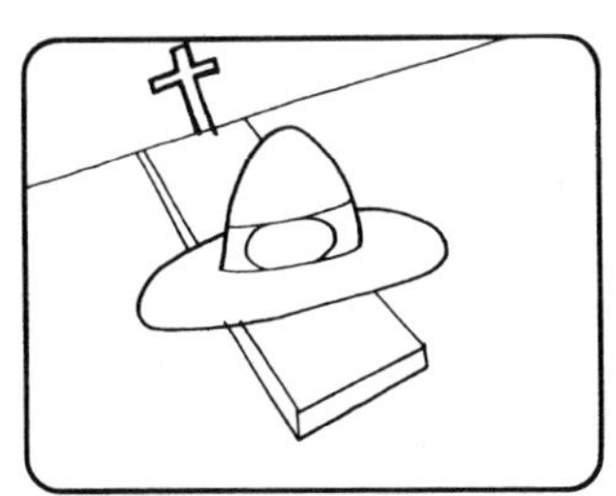

맹 교수 : 통계에 따르면 미국의 결핵 환자 중 많은 사람이 애리조나 주에서 죽는다고 한다. 이것은 애리조나 주의 기후가 결핵균이 번식하기에 좋기 때문일까?

그것과는 정반대다. 애리조나 주의 기후는 결핵 환자가 요양하는 데 좋기 때문에, 많은 환자들이 요양을 위해 애리조나 주로 들어간다. 따라서 애리조나 주에서 죽는 결핵 환자가 많은 것은 당연하다.

맹 교수 : 어느 조사 결과에 따르면, 발이 큰 아이일수록 글자를 더 빨리 익힌다고 한다. 글자를 익히는 능력은 신발의 치수와 비례하는가?

그렇지 않다. 잘 살펴보면 이 조사 결과는 아이의 성장과 관계가 있다. 그것은 나이가 많은 아이일수록 발도 크다는 것을 나타낸다. 나이가 많은 아이가 글자를 더 잘 아는 것은 당연하다!

세 가지 사례는 통계 자료에 기초해 성급하게 원인과 결과를 연결짓는 것이 큰 잘못일 수 있음을 보여준다. 그 밖에도 다른 예들이 많다.

1. 자동차 사고는 대부분 운전자의 집 근처에서 일어난다고 한다. 그렇다면 집에서 멀리 떨어진 고속도로를 달릴 때가 더 안전하다는 이야기일까? 천만에! 운전자가 자기 집 근처에서 차를 모는 경우가 훨씬 많기 때문에 이러한 결과가 나왔을 뿐이다.

2. 한 보고서에 따르면, 어떤 지역에서 우유를 많이 마시는 사람의 수가 크게 늘어나면서 암 환자의 수도 많아졌다고 한다. 우유와 암 사이에 무슨 관계가 있을가? 그렇지 않다. 두 가지 사실은 단지 그 지역의 노인 인구가 늘어났다는 것을 의미할 뿐이다. 암은 나이와 큰 상관관계가 있으므

로, 암 환자가 늘어난 것은 지극히 정상적이다.

3. 어느 도시에서는 맥주의 소비와 심장병 환자의 수가 함께 급격히 늘어났다. 그렇다면 맥주가 심장마비의 원인이 된 것일까? 그렇지 않다. 맥주 소비와 심장병 환자가 증가한 것은 단순히 인구가 급격하게 늘어났기 때문이다. 심장병 환자의 증가는 그 밖에도 다른 수백 가지 현상과 연결지을 수 있다. 즉 커피나 껌 소비의 증가라든가 브리지 게임을 즐기는 사람의 수, 텔레비전 시청 증가 등과 연결시킬 수도 있다.

4. 유럽의 어느 도시에서는 인구가 크게 늘어나자 황새 둥지의 수도 늘어났다. 그렇다면 황새가 갓난아이를 물어다준다는 전설이 사실일까? 사실은 가옥의 수가 늘어남에 따라 황새들이 둥지를 틀 수 있는 장소가 늘어났을 뿐이다.

5. 최근의 한 연구에 따르면, 유명한 수학자는 대부분 장남이라고 한다. 그렇다면 장남이 동생들보다 수학적 두뇌가 뛰어날까? 그렇지 않다. 이상하게 들릴지 모르지만, 평균 자녀수가 줄어듦에 따라 장남의 수는 동생들보다 훨씬 더 많아진다.

마지막 예는 여러분에게 흥미로운 실험거리를 제공한다. 남자 친구들을 대상으로 절반 이상이 장남인지 조사해보라. 또 여자 친구들을 대상으로 그 중 몇 퍼센트가 장녀인지 조사해보라.

또는 다음과 같은 사고 실험을 해볼 수도 있다. 100세대의 가정에 자녀가 각각 두 명씩 있다고 하자. 사내애(혹은 여자애) 중 장남(혹은 장녀)이 차지하는 비율은 얼마일까? (답 : 3/4) 한 가정에 자녀가 세 명씩 있다면, 그 비율은 얼마일까? (답 : 7/12) 물론 자녀가 1명뿐일 경우에는 자동적으로 장남(또는 장녀)이 된다.

장남(또는 장녀)의 비율은 평균 가족수가 증가함에 따라 달라진다. 그렇지만 전체 인구를 대상으로 할 때, 그 비율은 1/2 이상이다(참고로 이것은 자녀수가 적은 선진국에만 해당하는 이야기이다).

이 밖에도 아무런 인과 관계가 없으면서 원인과 결과 사이에 연관이 있는 것처럼 보이게 하는 통계 자료의 예는 수없이 많다. 오늘날의 광고, 특히 라디오나 TV에 나오는 상업 광고에는 이렇게 사람들을 홀리는 통계 자료들이 넘쳐흐르고 있다.

별자리

서로 모르는 사람 네 명이 한자리에 모였다. 그런데 그 중 적어도 두 사람이 태어난 별자리가 같다면, 놀라운 우연의 일치로 생각될까?

여러분은 그렇게 생각할지 모르겠지만, 이러한 우연의 일치는 평균적으로 열 번에 네 번은 일어난다. 각각의 사람이 황도 12궁의 한 별자리에서 태어날 확률은 열두 개의 별자리에 대해서 똑같다. 그들 중 최소한 두 사람의 별자리가 같을 확률은 얼마일까?

카드를 이용해 이 문제를 실험해보자. 카드에서 킹을 모두 빼면, 클로버, 스페이드, 하트, 다이아몬드가 각각 열두 장씩 남는다. 네 종류의 카드는 네 사람을 나타내고, 카드의 숫자는 열두 개의 별자리를 나타낸다. 각 종류의 카드에서 임의로 한 장씩 빼낼 때, 네 장의 카드 중 최소한 두 장이 같은 숫자일 확률은 얼마일까? 이 값은 네 사람 중에서 최소한 두 사람의 별자리가 같을 확률과 똑같다.

가장 간단한 방법은, 모두가 똑같은 숫자를 갖지 않을 확률을 계산한 다음, 그 값을 1에서 빼주는 것이다.

임의로 빼낸 하트와 스페이드의 숫자가 같을 확률은 1/12이다. 따라서 이 두 카드의 숫자가 서로 다를 확률은 11/12이다. 다이아몬드가 앞의 두 카드와 숫자가 서로 다를 확률은 10/12이고, 마지막으로 클로버가 세 카드와 숫자가 서로 다를 확률은 9/12이다. 이 세 값을 곱하면 네 장의 카드가 서로 다를 확률은 55/96이다. 이 값을 1에서 빼면 41/96이 된다. 즉 네 사람 가운데 최소한 두 사람이 같은 별자리를 가질 확률은 4/10에 가깝다. 따라서 이러한 일이 현실에서 일어나는 것은 그 확률이 1/2에 가깝기 때문에 전혀 놀랄 일이 아니다.

이것은 유명한 생일 역설을 변형한 것이다. 스물세 명이 모였을 때 그 중 최소한 두 사람의 생일이 같을 확률은 1/2을 조금 넘는다. 이 확률도 앞의 경우와 똑같이 계산하는데, 다만 이번에는 곱해야 할 분수가 스물두 개나 된다.

$$\frac{364}{365} \times \frac{363}{365} \times \frac{362}{365} \times \cdots\cdots \times \frac{343}{365}$$

이 값을 1에서 빼면 0.507이 나오는데, 이것은 1/2보다 조금 크다. 사람의 수가 스물세 명을 넘어서면, 그 중 두 사람의 생일이 같을 확률은 아주 빠르게 커진다. 서른 명일 경우, 그 확률은 7/10이라 생일이 같은 사람이 최소한 두 명 있을 가능성이 아주 높아진다. 백 명이 모였을 경우 생일이 같은 사람이 최소한 두 명 있을 확률은 무려 300만 대 1로 높아진다.

그렇다면 다음 문제들을 한번 생각해보라.

1. 한국의 역대 왕 또는 대통령 중 생일이 같은 사람은 몇 사람이나 될까? 또 같은 날에 죽은 사람은? 그 결과는 이론적으로 예측한 확률과 얼마나 일치하는가?

2. 두 사람이 태어난 달이 같을 확률이 1/2보다 크려면 최소한 몇 사람이 있어야 할까? (다섯 명. 그 확률은 89/144, 즉 0.62이다.)

3. 두 사람이 태어난 요일이 같을 확률이 1/2보다 크려면 최소한 몇 사람이 있어야 할까? (네 명. 그 확률은 223/343, 즉 0.65이다.)

4. 여러분과 생일이 같은 사람이 한 명 이상 있을 확률이 1/2보다 크려면 최소한 몇 명이 모여야 할까? (253명. 모인 사람들 중 누구든지 상관없이 두 사람의 생일이 같을 확률하고는 다른 문제이다.)

π 속의 놀라운 패턴

맹 교수 : 원주율 π는 일정한 규칙 없이 숫자들이 임의로 계속된다. 그러나 710100번째에 나타나는 수를 보라. 3이 계속해서 일곱 번이나 나타나지 않는가!

π는 계속되는 그 숫자에서 어떤 규칙성도 찾아낼 수 없다. 많은 수학자들이 π의 소수점 아래에 전개되는 숫자에서 어떤 규칙성을 발견해보려고 시도했지만, 모두 실패로 끝나고 말았다. 그 숫자는 마치 룰렛에서 선택되는 숫자와 마찬가지로 예측 불가능하다.

3이 일곱 번 계속 나올 확률은 $1/10^7$, 즉 1000만분의 1로 극히 낮다. 따라서 그것이 710100~710106번째 숫자에서 최초로 나타난 것은 놀라운 일이다. 그렇지만 일곱 개의 숫자가 특별한 패턴으로 나타날 확률은 훨씬 높다. 그러한 예로는 4444444, 8888888, 1212121, 1234567, 7654321…… 등을 들 수 있다. 어떤 종류의 패턴이 나올지 우리가 미리 알 수 없기 때문에, 언제든지 그러한 특별한 패턴을 마주칠 가능성이 있다. 아리스토텔레스가 말했듯이, 일어날 법하지 않은 일은 일어나기가 아주 쉽다.

제이슨과 태양

맹 교수 : 일 년 열두 달을 나타내는 영어단어에서 첫 글자를 순서대로 칠판에 써보았다. 즉 J는 January, F는 February의 첫 글자이다. 그러자 JASON이라는 흔한 이름이 나타났다. 이것은 단순히 우연의 일치일까?

맹 교수 : 이번에는 태양 주위를 도는 행성 이름의 첫 글자를 죽 적어보았다. 즉 M은 Mercury(수성), V는 Venus(금성)의 첫 글자이다. 그랬더니 SUN(태양)이라는 단어가 나타났다. 이것 역시 단순히 우연의 일치일까?

이것은 아리스토텔레스가 한 말을 뒷받침해주는 사례들이다. '일어날 법하지 않은 일이 쉽게 일어날 가능성'을 실험을 통해 알아보자. 회전 원판 위에 스물여섯 개의 칸을 그리고, 각 칸에 영어 알파벳을 하나씩 적어넣는다. 그리고 원판을 빙 돌리면서 핀을 던져꽂아 무작위로 알파벳 문자를 하나씩 결정한다. 만약 사전에 미리 세 문자로 된 단어를 정해놓고, 이렇게 해서 얻은 100자의 알파벳 속에 그 단어가 나올 것이라고 내기를 건다면 아마도 여러분은 백전백패할 것이다. 그러나 어떤 단어라도 세 문자로 이루어진 단어(물론 영어 사전에 실린 단어)가 나오는 데 내기를 건다면, 여러분이 이길 확률이 아주 높다.

원판을 돌리면서 결정되는 문자들을 종이 위에 죽 쓰면서 세 문자로 된 단어가 나오기까지 원판을 몇 번 돌려야 하는지 실험해보라. 네 문자나 다섯 문자로 된 단어에 대해서도 실험해보라. 아마도 그런 단어가 자주 나타나는 것에 깜짝 놀랄 것이다.

이렇게 얻은 단어를 최근에 일어난 사건과 연관지으면 더욱 극적이고 신비한 느낌이 들 수 있다. 예를 들면 'Eva(에바)'라는 단어는 여러분이 잘 아는 사람의 이름일 수도 있고, 'hat(모자)'이라는 단어는 얼마 전에 모자를 잃은 친구를 떠오르게 할 수도 있다. 또 머리글자로 이루어진 단어(USA, CIA, IMF 등)나 약자(Dec, Mon 등), JFK(존 F. 케네디)나 FDR(프랭클린 D. 루스벨트)처럼 사람 이름의 이니셜과도 연결시켜 보라. 이와 같은 단어들은 특정 사건과 쉽게 연관지을 수 있기 때문에, 순진한 사람들은 이러한 단어들이 나온 데에는 초자연적인 힘이 작용한다고 생각한다.

이 실험은 우리가 한평생 살아가는 동안 놀랄 만한 우연의 일치를 자주 겪을 수 있다는 것을 설명해준다. 막상 그러한 일을 당하면, 대부분의 사람은 뭔가 신비한 힘이 작용한 것으로 믿는 경향이 있다. 그렇지만 통계학자가 볼 때, 그러한 우연의 일치는 아주 흔히 일어나는 사건이다. 매일 일어나는 수많은 사건 가운데 기묘한 우연의 일치가 일어날 수 있는 방법은 수백만 가지 이상이나 존재하기 때문이다. 그러한 우연의 일치가 어떤 것인지 사전에 전혀 짐작할 수 없다는 사실은, π 속에서 나타나는 일련의 특별한 숫자나 원판에서 결정되는 단어와 마찬가지다. 막상 그러한 놀라운 사건을 당한 사람은 그 사건이 우연히 일어났을 리 없다는 생각이 들게 된다. 그렇지만 우리는 그러한 우연의 일치가 일어날 때, 그 대신에 일어날 수도 있었던 다른 수억 가지 사건은 일어나지 않았다는 사실을 까맣게 잊고 있다.

놀라운 무리짓기 현상

맹 교수 : 카드를 아무리 잘 섞더라도 그 속에는 흔히 우연의 일치치고는 놀라운 배열이 숨어 있다. 똑같은 색의 카드가 여섯 장 또는 일곱 장 연달아 나오는 것은 흔한 일이다.

별들은 모여서 별자리를 이루고 있다. 바닥에 콩을 떨어뜨려도 콩은 작은 무리를 이루며 모이는 경향이 있다. 또 "나쁜 일은 연달아 찾아온다"는 말도 있다.

임의적인 사건들이 다양한 방식으로 무리를 짓는 경향은 잘 알려진 현상이며, 통계학자들은 '무리짓기 이론'이라 부르는 이 주제로 많은 책을 쓰기까지 했다. π의 숫자 속에서 3이 일곱 개 이어서 나오는 것은 임의적인 무리짓기의 예이다. 동전을 계속 던지거나 룰렛을 돌려 나오는 색이나 번호를 죽 적어보면, 같은 것으로 이루어진 긴 무리가 나타나는 사례를 많이 발견할 수 있다.

미시간대학의 공학자 무어(A. D. Moore)는 무리짓기에 관한 놀라운 실험을 했다. 녹색과 빨간색의 알사탕을 똑같은 수만큼 준비한 다음, 투명한 유리병에 가득 채운다. 그리고 병을 흔들어 두 가지 색의 사탕이 완전히 섞이도록 한다.

그러고 나서 병 옆면을 통해 병 속을 관찰해보라. 여러분은 녹색과 빨간색 사탕이 균일하게 섞여 있을 것이라고 생각할 것이다. 그러나 사실은 녹색 사탕과 빨간색 사탕이 군데군데 무리를 지어 아름다운 모자이크 무늬를 이루고 있다. 이 결과는 예상하지 못했던 것이기 때문에 수학자들도 이 현상을 처음 보았을 때 정전기 같은 힘이 작용해 같은 색 사탕끼리 무리를 지은 것이 아닌가 의심하기까지 했다. 그러나 실제로 여기에 작용한 것은 우연뿐이었다. 모자이크 무늬는 임의적인 무리짓기의 당연한 결과로 나타난 것이다.

그래도 도저히 믿어지지 않는다면, 직접 다음 실험을 해보라. 모눈종이 위에다 가로 20칸, 세로 20칸의 바둑판 모양을 그린다. 그리고 동전의 한면은 빨간색, 다른 면은 녹색으로 정한 다음, 동전을 던져 거기에 나오는 대로 각각의 사각형 칸에 차례로 색칠해나간다. 이렇게 400칸을 다 색칠하면, 그 결과는 알사탕을 넣은 유리병처럼 모자이크 무늬가 나타날 것이다.

무리짓기 현상에는 종종 비수학적인 요인이 작용할 때도 있다. 고속도로를 달리는 자동차들의 간격은 들쭉날쭉 임의적인 것처럼 보이는데, 만약 헬리콥터를 타고 공중에서 내려다보면, 자동차들은 여기저기 큰 무리를 이루어 달리고 있는 것처럼 보일 것이다. 그러나 자동차들이 이렇게 무리를 짓는 것을 단순히 우연만으로 설명할 수 있는 것이 아니다. 운전자들은 자기 차와 같은 속도로 달리는 다른 차들을 추월하지 못하며, 추월을 하기 위해서는 앞에 넓은 공간이 필요하기 때문이다. 이러한 요인이 자동차의 무리짓기에 작용하고 있다. 지도 위에 나타나는 도시의 위치라든지 비 오는 날이 계속되는 일, 잔디밭에서 무리를 지어 자라는 클로버와 바랭이를 비롯해 그 밖의 많은 무리짓기 현상은 순전히 우연만으로 설명할 수 있는 것은 아니다.

놀라운 카드 묘기

맹 교수 : 무리짓기 이론과 관련이 있는 놀라운 카드의 역설을 소개하겠다. 계속 카드를 색이 교대로 반복되도록 배열하라.

그리고 카드를 두 부분으로 나누는데, 각 뭉치의 맨 밑에 있는 카드는 서로 색이 반대가 되도록 한다.

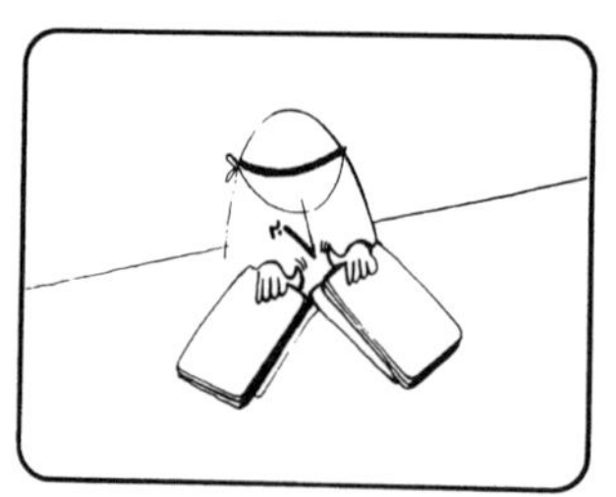

그 다음 이 두 뭉치의 카드를 섞는데, 양쪽 뭉치에서 한 장씩 차례로 들어가게 완전히 섞어야 한다.

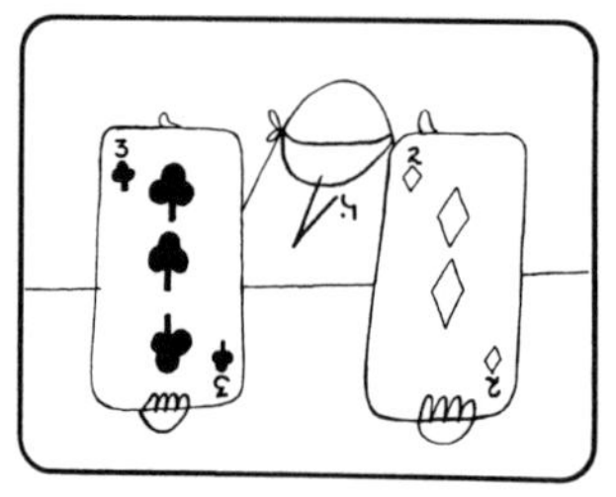

이제 위쪽에 있는 카드부터 차례로 두 장씩 펼쳐 보인다. 카드를 완전히 섞었음에도 불구하고, 한 쌍씩 나타나는 카드의 색은 항상 반대이다.

이 놀라운 카드 묘기는 숨어 있는 수학적 구조가 무리짓기에 작용하여 기적에 가까운 결과를 나타내는 예이다. 마술사들 사이에서 이 묘기는 '길브레스의 원리'로 알려져 있는데, 1958년에 이 묘기를 발견한 수학자이자 아마추어 마술사였던 노먼 길브레스(Norman Gilbreath)의 이름에서 딴 것이다. 그 후 이 원리에 기초한 카드 묘기가 수백 가지나 나왔다.

수학적 귀납법을 사용해 그 원리를 설명해보자. 카드를 둘로 나누었을 때 맨 아래에 있는 두 카드는 서로 다른 색이다. 엄지손가락으로 첫 번째 카드를 테이블로 떨어뜨리면, 양쪽 패의 맨 밑에 있는 두 카드의 색은 일치하며, 테이블에 떨어진 카드와 색이 다르다. 따라서 이 두 장의 카드 중 어느 쪽이 먼저 나오더라도 아무 차이가 없다. 어느 경우든, 첫 번째 카드 위에 그것과 다른 색을 가진 카드가 떨어지므로, 테이블 위에는 서로 다른 색의 카드 한 쌍이 놓여 있을 것이다. 이제 상황은 조금 전과 완전히 똑같아졌다. 두 패의 맨 밑에 있는 카드는 색이 서로 일치하지 않는다. 어느 쪽 카드를 한 장 떨어뜨리든지 남아 있는 두 패의 맨 밑에 있는 두 카드는 색이 서로 일치한다. 따라서 다음에 어느 쪽 카드가 떨어지든 간에 두 번째 쌍의 카드도 서로 색이 다르다. 나머지 카드에 대해서도 마찬가지이다.

이 묘기를 친구들 앞에서 멋있게 자랑하려면, 미리 카드 한 벌을 색이 서로 엇갈리도록 배열해둔다. 그리고 한 친구에게 카드를 위에서부터 차례로 한 장씩 나누어 스물여섯 장씩 두 뭉치로 만들라고 한다(그러면 맨 아래의 카드는 색이 서로 다르다). 그리고 그 친구에게 이 뭉치의 카드를 앞에서 말한 대로 잘 섞으라고 시킨다. 그 카드를 받아 아무도 보지 못하게 테이블 아래로 감춘다. 그러고는 "나는 카드의 색을 손가락으로 볼 수가 있다."고 큰소리친다. 그리고 그것을 증명하기 위해 서로 색이 다른 카드를 한 쌍씩 뽑아내겠다고 말한다. 물론 여러분이 하는 일은 맨 위에 있는 카드를 두 장씩 빼내기만 하면 된다.

이 놀라운 원리를 이용하여 또 다른 카드 묘기를 부릴 수는 없을까? 물론 가능하다. 이번에는 카드를 하트, 클로버, 스페이드, 다이아몬드, 하트, 클로버, 스페이드, 다이아몬드……의 순서로 배열한다. 맨 위에 있는 카드부터 한 장씩 차례로 나누어 스물여섯 장씩(개수는 그렇게 중요하지 않다) 두 패를 만든다. 이런 식으로 카드를 나누면 카드의 순서가 자동적으로 뒤바뀐다. 그 다음, 두 패의 카드가 서로 교대로 들어가게 잘 섞는다. 카드를 위에서부터 네 장씩 뽑으면, 하트, 클로버, 스페이드, 다이아몬드가 각각 한 장씩 들어가 있다!

한 가지 묘기를 더 소개한다. 카드를 에이스, 2, 3, 4, 5, 6, 7, 8, 9, 10, 잭, 퀸, 킹의 순으로 계속되게 준비한다. 이때 색깔이나 무늬는 무시해도 좋다. 카드를 반씩 둘로 나누고, 앞에서와 같은 요령으로 카드를 섞은 다음, 위에서부터 카드를 열세 장씩 나누어준다. 그러면 각자 에이스부터 킹까지 모든 계급이 들어 있는 열세 장의 카드를 갖게 될 것이다!

마지막으로, 두 벌의 카드로 하는 묘기를 시도해보자. 두 벌의 카드를 서로 똑같은 순서가 되게 배열한 다음, 한 벌의 카드를 다른 쪽 카드 위에 얹는다. 위에서부터 한 장씩 빼내어 52장짜리 뭉치 두 개를 만든다. 두 뭉치를 완전히 섞어 104장의 카드를 정확하게 절반으로 나눈다. 그러면 각각의 절반에는 완전한 한 벌의 카드가 들어 있을 것이다.

투표 역설

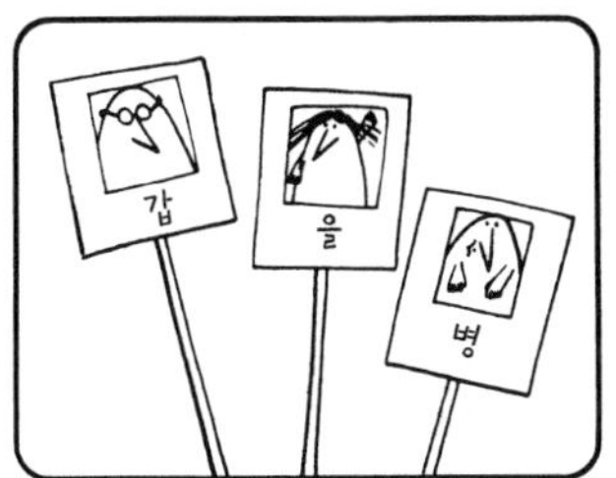

갑, 을, 병, 세 사람이 대통령 후보로 나섰다.

마지막 여론 조사에 따르면, 유권자 중의 2/3는 을보다 갑을 더 좋아하고, 또 유권자 중의 2/3는 병보다 을을 더 좋아하는 것으로 나타났다. 그러면 갑은 병보다 당선될 확률이 더 높을까?

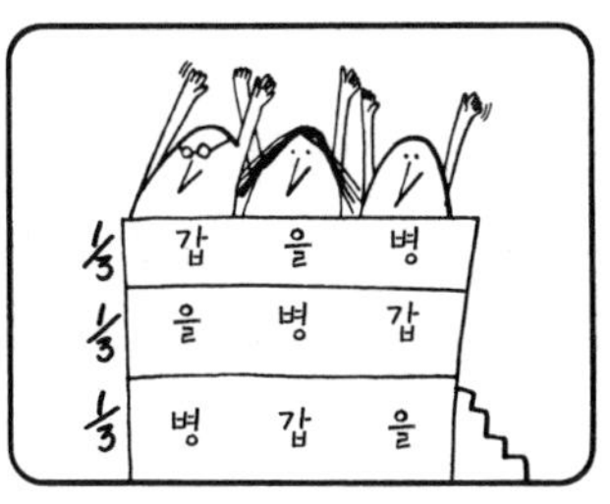

반드시 그렇지는 않다. 만약 유권자들이 왼쪽 그림과 같이 후보자들을 선호한다면, 놀라운 역설이 나타난다. 어디 후보들의 주장을 들어보자.

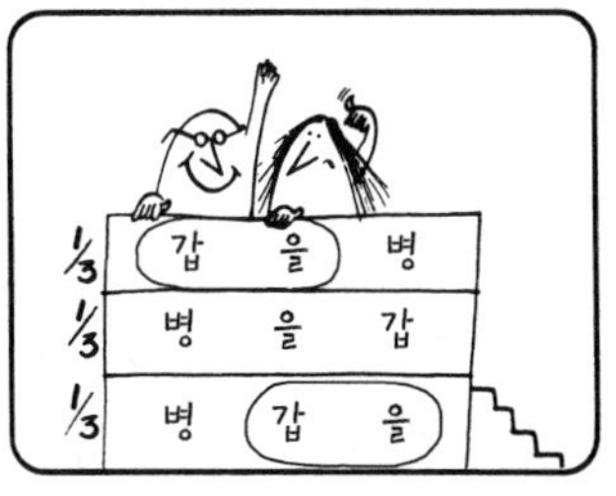

갑 : 유권자 중의 2/3는 을보다 나를 더 좋아한다.

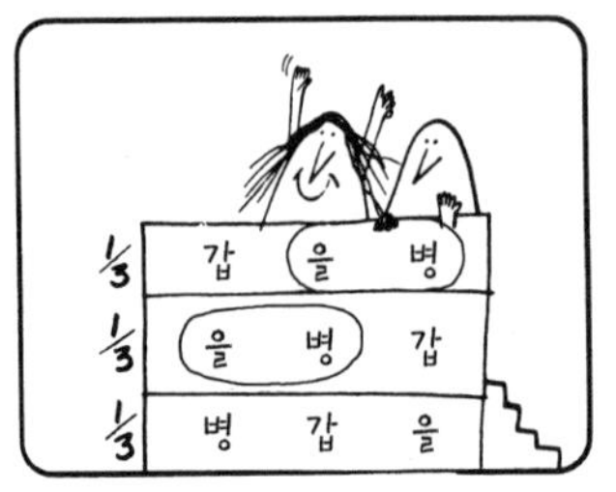

을 : 유권자 중의 2/3는 병보다 나를 더 좋아한다.

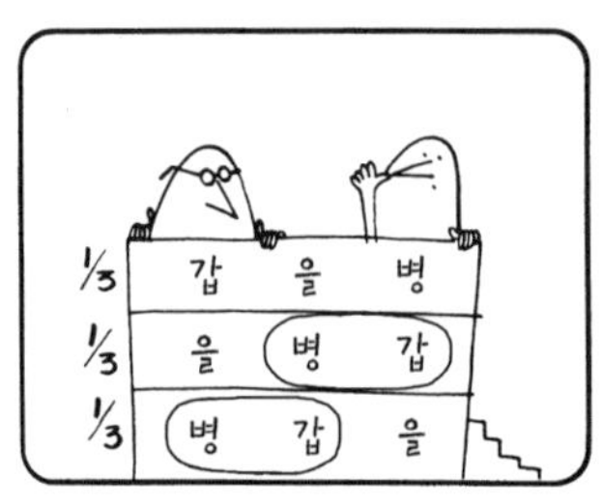

병 : 유권자 중의 2/3는 갑보다 나를 더 좋아한다.

18세기에 수학자 콩도르세(Condorcet)가 발견한 이 역설은 사람들이 한 쌍씩 묶어 판단을 내리는 상황에서 일어날 수 있는 비이행성(非移行性) 관계를 보여주는 유명한 예이다. 이행성이란 개념은 '~보다 더 큰', '~보다 더 적은', '~와 같은', '~보다 빠른', '~보다 무거운' 등등의 관계에 적용된다. 어떤 관계 R에 대해 xRy와 yRz이면 xRz가 성립할 경우, 관계 R은 이행성이 있다고 말한다.

투표 역설이 놀랍게 받아들여지는 이유는, 우리는 "무엇을 더 좋아한다"는 관계가 항상 이행성이 있다고 생각하기 때문이다. 어떤 사람이 갑을 병보다 더 좋아하고, 을을 병보다 더 좋아한다면, 그는 갑을 병보다 더 좋아할 것이라고 추측한다. 그러나 투표 역설은 항상 그렇지는 않다는 것을 보여준다. 유권자 중의 다수는 갑을 을보다 더 좋아하고, 을을 병보다 더 좋아하지만, 병을 갑보다 더 좋아한다. 이 상황은 비이행적이다. 이 역설은 노벨 경제학상 수상자인 케네스 애로(Kenneth J. Arrow)의 이름을 따 '애로의 역설'이라 부르기도 한다. 애로는 이 역설과 그 밖에 다른 논리적 분석을 통해 완전히 민주적인 선거 제도는 불가능하다는 것을 보여주었다.

이 역설은 세 가지 성질을 놓고 한 쌍씩 묶어 비교할 수밖에 없는 세 후보 중에서 하나를 선택해야 하는 상황에서 생겨날 수 있다. A, B, C 세 남자가 한 여자에게 청혼을 했다고 가정하자. 그런데 그녀는 지성, 외모, 재산의 세 가지 조건으로 세 남자의 등급을 매긴다. 그녀는 세 남자의 자질을 일대일로밖에 평가할 수 없는데, 불행하게도 A는 B보다 낮고, B는 C보다 낮고, C는 A보다 낮다는 결과가 나왔다.

수학자 폴 할머스(Paul Halmos)는 똑같은 유형의 요리 문제를 내었다. A, B, C는 각각 사과 파이, 귤 파이, 체리 파이를 나타낸다. 어떤 레스토랑에서는 매일 이 중 두 가지만 내놓는다. 그리고 표에다가 손님이 맛, 신선도, 모양을 기준으로 하여 어느 파이가 더 나은지 표시를 하게 한다. 그런데 손님이 사과를 귤보다 더 좋아하고, 귤을 체리보다 더 좋아하고, 체리를 사과보다 더 좋아하는 경우는 얼마든지 가능하다.

이 역설은 시장 조사에도 적용된다. 어느 통계학자가 주부 중 2/3는 화장품 A를 B보다 더 좋아하고, B를 C보다 더 좋아한다는 통계 자료를 얻었다고 하자. 이 결과만 보고 제조 회사는 C가 가장 인기 없는 미용 크림이라 판단하고 C의 생산을 중단하기로 결정할지도 모른다. 그러나 세 번째 통계 자료에서 주부 중 2/3가 C를 A보다 더 좋아한다는 결과가 나온다면 어떻게 될까?

외로워 양의 선택

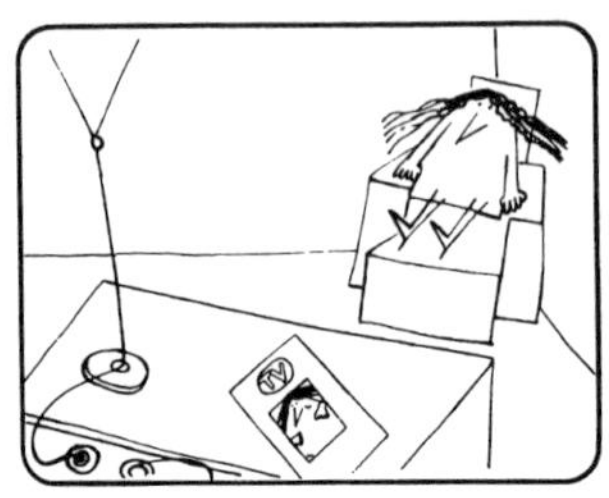

통계학자인 독신녀 외로워 양은 매일 집에서 홀로 지내는 게 지루했다.

외로워 : 결혼하지 않은 남자를 한 명 사귀어볼까? 독신자 클럽에 가입해보는 거야.

외로워 양은 가입비를 내고 클럽 두 곳에 가입하였다. 어느 날 이 두 클럽은 동시에 각각 파라독스 호텔에서 파티를 열었다. 한 클럽은 푸른 방에서, 다른 클럽은 노란 방에서 모였다.

외로워 : 코밑수염을 기른 사람과 기르지 않은 사람이 있네? 그런가 하면 날라리도 있고, 고리타분한 사람도 있군. 나는 오늘밤에 날라리를 만나고 싶어. 그렇다면 코밑수염을 기른 사람들 중에서 찾아야 하나?

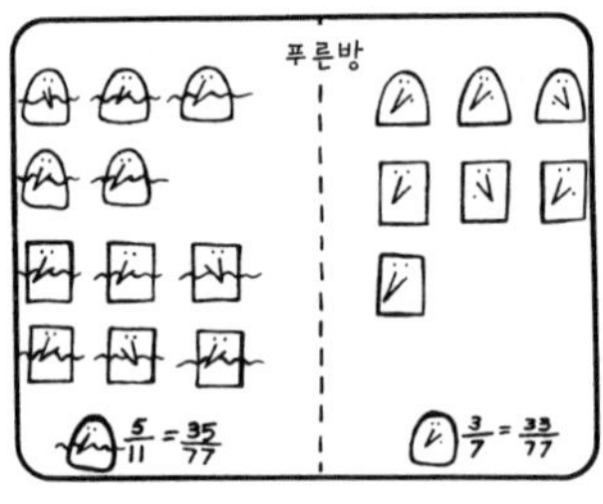

외로워 양은 푸른 방에 모인 사람들에 대해 통계 조사를 해보았다. 코밑수염을 기른 사람들 중에서 날라리의 비율은 5/11, 즉 35/77였다. 한편 코밑수염을 기르지 않은 사람 중에서 날라리의 비율은 3/7, 즉 33/77이었다.

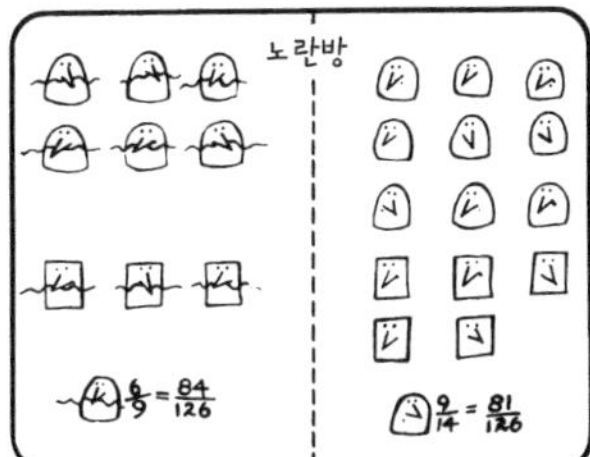

노란 방에 모인 사람들에 대해 조사해보았더니, 코밑수염을 기른 사람 중에서 날라리의 비율은 84/126, 코밑수염을 기르지 않은 사람 중에서 날라리의 비율은 그보다 작은 81/126이었다.

외로워 : 간단하네. 이 두 클럽에서는 코밑수염을 기른 사람을 선택하는 쪽이 날라리를 만날 확률이 더 높군.

그런데 외로워 양이 파라독스 호텔에 도착했을 때, 그녀는 두 클럽이 하나로 합쳐 파란 방에 모여 있다는 사실을 알았다.

외로워 : 이제 어떻게 해야 하나? 두 방에 나뉘어 있을 때에는 코밑수염을 기른 사람들 중에서 날라리를 찾는 게 유리했는데……. 두 클럽을 합쳤다고 해도 그 결과는 마찬가지겠지? 그래도 나는 통계학자니까 한번 확인해봐야겠어.

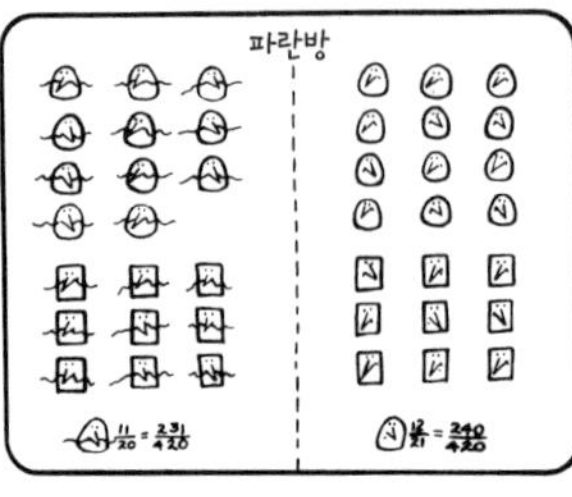

조사를 끝낸 외로워 양은 깜짝 놀랐다.

외로워 : 어떻게 된 거지? 비율이 역전되었잖아! 이번에는 코밑수염을 기르지 않은 사람들 중에서 날라리를 찾을 확률이 더 높아졌네.

외로워 : 그래서 나는 선택을 바꾸었고, 그것은 적중하여 날라리를 만났다. 그렇지만 나는 아직도 어떻게 이런 일이 일어났는지 전혀 이해하지 못하겠어!

이 놀라운 역설은 카드를 사용해 쉽게 설명할 수 있다. 빨간색 카드는 날라리를, 검은색 카드는 고리타분한 사람을 나타낸다고 하자. 그리고 카드 뒤에 ×표를 한 것은 코밑수염을 기른 사람을 나타낸다.

그러면 빨간색 카드 다섯 장과 검은색 카드 여섯 장의 뒷면에 ×표를 하라. 그리고 거기에 ×표를 하지 않은 빨간색 카드 세 장과 검은색 카드 네 장을 더한다. 이 열여덟 장의 카드는 푸른 방에 모인 클럽을 나타낸다.

열여덟 장의 카드를 잘 섞어 테이블 위에 엎은 채로 죽 펼쳐놓는다. 여기서 빨간색 카드를 고르려면, ×표가 있는 카드와 ×표가 없는 카드 중 어느 것을 선택하는 것이 더 확률이 높을까? 그 확률을 계산하는 것은 쉬우며, 외로워 양은 ×표가 있는 카드를 선택하는 편이 확률이 더 높다는 결론을 얻었다.

노란 방에 모인 클럽도 같은 방식으로 나타낼 수 있다. 빨간색 카드 여섯 장과 검은색 카드 세 장의 뒷면에 ×표를 하고, 거기다 ×표를 하지 않은 빨간색 카드 아홉 장과 검은색 카드 다섯 장을 더하면 된다. 스물세 장의 카드를 잘 섞은 다음, 테이블 위에 엎은 채 죽 펼쳐놓는다. 여기서도 빨간색 카드를 선택할 확률은 ×표가 있는 카드 중에서 고르는 게 더 높다.

이번에는 마흔한 장의 카드를 함께 섞은 다음, 테이블 위에 엎은 채 늘어놓는다. 믿기 어렵겠지만, 이 경우에는 ×표가 없는 카드를 선택하는 편이 빨간색 카드를 고를 확률이 더 높다!

통계학자들은 임상 실험 결과를 분석할 때 곧잘 이러한 종류의 역설에 부딪힌다. 실험에 참여하는 두 그룹의 환자들을 카드로 나타내보자. 카드 뒷면에 ×표를 하지 않은 카드는 (심리적인 효과만 있는) 가짜 약을 투여한 환자를 나타내고, ×표를 한 카드는 진짜 약을 투여한 환자를 나타낸다. 그리고 빨간색 카드는 증상이 호전되는 환자를, 그리고 검은색 카드는 증상에 별 차도가 없는 환자를 나타낸다. 두 그룹을 따로 떼어서 분석해보면, 진짜 약을 투여받은 환자가 가짜 약을 투여받은 환자보다 증상이 호전되는 비율이 더 높다. 그러나 두 그룹을 섞어놓으면 그 결과는 역전되어 가짜 약을 투여받은 사람이 증상이 호전되는 비율이 더 높은 것처럼 보인다. 이 역설은 통계 결과에 이의를 전혀 제기할 수 없는 완벽한 실험을 한다는 것이 얼마나 어려운지 보여준다.

실제로 이 역설과 같은 사례가 1973년 버클리의 캘리포니아대학에서 일어났다. 대학원생의 입학 심사 때 성차별이 있는지 조사했는데, 지원자 중 남자는 44퍼센트가 입학이 허용되었지만, 여자는 35퍼센트만 허용되었다. 남자와 여자의 자질은 거의 비슷했기 때문에, 이것은 명백한 성차별 사례로 보였다.

그러나 어느 학과에서 성차별이 있었는지 조사하기 위해 같은 자료를 자세히 분석해보았더니, 각 학과별로는 입학이 허용된 비율이 여자가 오히려 높았다! 어떻게 이런 일이 가능할까? 이것은 어려운 학과에 많은 여자들이 몰려

탈락률이 높았기 때문에 일어난 현상이다. 그렇지만 학과별로 보면 여자가 남자보다 합격률이 더 높았다. 그러나 모든 자료를 합치자, 오히려 반대의 결과가 나타났던 것이다. 이 역설의 원인이 밝혀짐으로써 대학측은 성차별 혐의에서 벗어났을까? 아마도 그랬을 것이다. 그러나 여자들이 선택하는 경향이 높은 학과에 들어가기 어렵게 하는 교묘한 방법이 있지 않을까 의심하는 사람도 있다.

헴펠의 까마귀

맹 교수 : 검은 까마귀의 역설은 외로워 양의 역설만큼이나 놀랍다. 이 방면의 전문가들조차 이 역설을 명확히 설명하지 못해 지금도 계속 고민하고 있다.

까마귀를 세 마리 또는 네 마리만 보고서 "모든 까마귀는 검다"고 결론내리는 것은 전혀 과학적이지 못하다. 그러나 수백만 마리의 까마귀가 모두 검다면, 그 결론은 과학적으로 거의 검증되었다고 본다.

어느 까마귀 : 까악 까악! 나는 까마귀지만 검은색이 아니다. 내가 발견되지 않고 숨어 있는 한, 그 누구도 그 법칙이 틀렸다는 것을 알지 못할 것이다.

맹 교수 : 노란 송충이에 대해서는 어떻게 생각하는가? 그것은 모든 까마귀가 검다는 법칙을 뒷받침해주는 사례가 되는가?

이 물음에 답하기 위해 먼저 "모든 까마귀는 검다"는 법칙을 의미는 같지만 다른 형태의 문장으로 바꾸어보자. "검지 않은 것은 까마귀가 아니다."

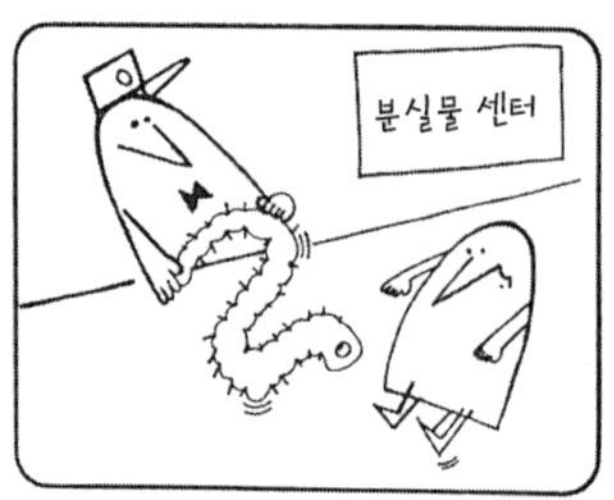

엉뚱이 : 하하! 나는 검지 않은 물체, 그러니까 노란 송충이를 발견했다. 이것은 분명히 까마귀가 아니므로, "검지 않은 것은 까마귀가 아니다"는 법칙을 검증해준다. 따라서 이것은 '모든 까마귀는 검다'는 법칙도 검증해준다.

맹 교수 : 검지 않으면서 까마귀가 아닌 물체는 수백만 개라도 발견할 수 있다. 그렇다면 이것들도 "모든 까마귀는 검다"는 법칙을 검증해주는가?

이 유명한 역설을 지어낸 칼 헴펠(Carl Hempel)은 자주색 암소의 존재는 실제로 "모든 까마귀는 검다"는 법칙이 참일 확률을 조금이나마 높여준다고 생각한다. 그러나 다른 철학자들은 여기에 반대한다. 여러분 생각은 어떤가?

최근에 개발된 검증 이론에서 나온 많은 역설 중 가장 유명한 것이 바로 이 까마귀 역설이다. 넬슨 굿맨(Nelson Goodman)은 "비를 맞으며 찾아다니지 않고도 조류에 관한 이론을 조사할 수 있다는 전망은 너무나도 매력적이어서, 거기에는 분명히 어떤 함정이 숨어 있다는 것을 직감할 수 있다"고 말했다.

문제는 그 함정을 찾아내는 것이다. 칼 헴펠(Carl Hempel)은 검지 않으면서 까마귀가 아닌 다른 물체를 발견하는 것은, 아주 미미하긴 하지만 "모든 까마귀는 검다"는 법칙을 검증해준다고 믿었다. 적은 수의 물체에 관한 가설을 검증하는 경우를 한번 생각해보자. 여기서도 카드를 사용하는 것이 큰 도움이 된다. 열 장의 카드를 뒤집어서 테이블 위에 늘어놓고, "검은색 카드는 모두 스페이드다"라는 가설을 세웠다고 하자. 카드를 한 장씩 뒤집어 검은색 스페이드 카드가 나올 때마다 그것은 가설을 검증해주는 사례가 된다.

이번에는 그 가설을 다른 형태로 바꾸어보자. "스페이드가 아닌 카드는 모두 빨간색이다." 카드를 뒤집었을 때 스페이드가 아닌 빨간색 카드가 나올 때마다 역시 이 가설을 검증해준다. 사실 첫 번째 카드가 검은색 스페이드이고, 나머지 카드 아홉 장이 모두 스페이드가 아닌 빨간색 카드라면 이 가설은 절대적으로 옳다.

칼 헴펠은 똑같은 방법을 검지 않으면서 까마귀가 아닌 물체에 적용하면 이상하게 보이는 것은, 지구상에 존재하는 그러한 물체의 수는 까마귀 수에 비해 엄청나게 많아서 그러한 각각의 물체를 하나 발견되더라도 가설을 검증해주는 효과는 거의 무시할 만하기 때문이라고 설명했다. 게다가 우리가 침실에 까마귀가 없다는 것을 알면서 침실에서 까마귀가 아닌 물체를 찾을 때, 검은색이 아닌 까마귀가 발견되지 않는다고 해서 조금도 놀라지 않는다.

그렇지만 우리가 침실에 까마귀가 없다는 사실을 모른다면, 침실에서 까마귀가 아니면서 검은색이 아닌 물체가 발견되는 것은 "모든 까마귀는 검다"는 가설을 검증해주는 사례가 될 수 있다.

칼 헴펠의 생각에 반대하는 사람들은 똑같은 논리를 사용해 노란 송충이나 자주색 암소의 존재는 "모든 까마귀는 희다"는 가설도 검증해준다고 주장했다. 어떻게 똑같은 물체가 "모든 까마귀는 검다"는 가설과 "모든 까마귀는 희다"는 가설을 동시에 검증해줄 수 있단 말인가? 헴펠의 역설에 관한 논문은 매우 많이 발표되었으며, 이 역설은 지식 검증에 관한 논쟁에서 핵심을 이루었다.

푸파란색

맹 교수 : 많은 물체들은 시간이 지나면 그 색깔이 변한다. 푸른 사과가 익으면 빨간색으로 변하고, 머리카락은 나이가 들면 하얗게 세고, 은도 시간이 지나면 광택을 잃는다. 이러한 변화는 검증 이론에서 또 하나의 유명한 역설을 낳는다.

넬슨 굿맨은 어떤 물체가 2050년까지는 푸른색으로 있다가 그 이후에는 파란색으로 변한다고 한다면, 그 물체의 색은 푸파란색이라고 말했다.

그렇다면 "모든 에메랄드는 푸른색이다"와 "모든 에메랄드는 푸파란색이다"라는 두 가지 법칙을 검토해보자. 두 가지 법칙 중에서 어느 것이 더 잘 검증될까?

이상하게 생각되겠지만, 두 가지 법칙은 똑같이 검증된다. 에메랄드를 관찰한 모든 사례는 이 두 가지 법칙을 모두 검증해주며, 거기에 반대되는 사례는 관찰되지 않는다. 그런데 왜 첫 번째 법칙을 옳은 것으로 받아들이고, 두 번째 법칙을 무시하는지 설명하기는 쉽지 않다.

헴펠의 역설과 굿맨의 역설은 과학적 방법에서 통계가 정확하게 어떤 역할을 하는지 우리가 얼마나 모르는가를 보여준다. 이 소중한 방법을 사용하지 않고는 우리는 신비한 우주를 지배하는 법칙을 탐구하는 것이 불가능하다.

굿맨의 '푸파란색' 역설은 철학책에 종종 등장한다. 헴펠의 역설과 마찬가지로, 이것은 통계 자료를 바탕으로 어떤 이론이 옳은지 결정한다는 것이 얼마나 어려운지 보여준다. 굿맨의 역설은 두 가지 과학 이론 가운데 어느 하나가 옳다고 결정내리기 전에 방대한 검증을 해야 함을 보여준다.

굿맨의 역설에서 "모든 에메랄드는 푸른색이다"와 "모든 에메랄드는 푸파란색이다"라는 두 가지 법칙은 똑같이 검증된다. 그러나 우리는 더 '단순하다'는 이유만으로 첫 번째 법칙을 선호하는데, 이때 '단순하다'는 말의 의미를 잘 정의해야 한다. 아직까지는 어떤 철학자도 두 가지 법칙이 똑같이 검증될 때 그 중 어느 하나를 선택해야 하는 경우에 적용되는 단순성의 개념을 정확하게 확립하지 못했다.

확률의 파라독스

확률의 파라독스

확률론은 자연과학뿐만 아니라 생물학과 사회과학을 비롯해 모든 학문 분야에서 필수적이기 때문에, 학교에서 가르치는 수학 교육에서 더욱 중요하게 다루어질 것이다. 조지프 버틀러(Joseph Butler) 주교와 그 이전에 살았던 많은 사람들은 확률은 인생의 길잡이라고 말했다. 아침에 눈을 떠서 밤에 잠자리에 들 때까지 우리는 가능성이 있는 여러 갈래의 길 사이에서 무의식적으로 수천 가지 선택을 하며 살아간다. 양자론이 물리학의 기본이라고 한다면, 자연의 모든 기본 법칙에는 순전한 우연이 작용하고 있다.

다른 어떤 수학 분야보다도 확률에는 직관에서 벗어나는 결과들이 많으며, 정답이 상식에서 크게 벗어나는 경우가 많다. 엘리베이터 앞에 섰을 때, 맨 먼저 도착하는 엘리베이터가 위로 올라갈 확률은 절반이라고 생각하기가 쉬울 것이다. 그렇지만 일반적으로는 그렇지 않다. 자녀가 네 명인 가정은 자녀 중 둘은 남자, 둘은 여자일 확률이 제일 높을 것 같지만, 이 또한 그렇지 않다.

여기에 소개된 확률에 관한 간단한 개념을 이해한다면, 주사위 세 개로 하는 내기에서 유리한 듯이 보이는 쪽이 왜 실제로는 불리한지 알 수 있게 될 것이다. 더 일반적으로는 아주 놀라워 보이는 우연의 일치가 실제로는 그다지 놀라운 것이 아니라는 사실을 이해하는 데에도 도움을 줄 것이다.

이 장에 소개된 역설들은 이해하기가 쉽고, 그 중 많은 것은 동전이나 카드 같은 간단한 도구를 사용해 모형으로 만들기 쉽기 때문에 선택되었다. 가능하다면 여기에 제시된 역설은 확률론을 사용해 더 간단하게 풀 수 있는 경우에도 모든 경우의 수를 다 열거하면서 설명하려고 했다. 과정이 더 긴 방법을 통해 풀어보면 문제의 구조를 좀더 직관적으로 이해하는 데 도움이 된다.

확률은 궁극적으로는 단 한 종류밖에 없지만, 세 종류로 나누어 생각하는 것이 보편적이다.

1. 고전적 확률 또는 선험적 확률. 여기서는 각각의 결과가 일어날 가능성이 똑같다고 가정한다. 어떤 사건에서 일어날 수 있는 결과가 n가지 있고, 그 각각의 가능성이 모두 같다고 하자. 모든 결과들의 부분집합인 k가 일어날 확률은 k/n가 된다. 예를 들어 제대로 만든 주사위라면 각각의 면이 나올 확률은 모두 똑같다. 그렇다면 주사위를 한 번 던져 짝수의 눈이 나올 확률은 얼마일까? 일어날 수 있는 경우의 수는 모두 여섯 가지(1, 2, 3, 4, 5, 6)이고, 그 중에서 짝수가 나올 경우의 수는 세 가지(2, 4, 6)이다. 따라서 짝수가 나올 확률은 3/6＝1/2이다. 즉 짝수가 나올 가능성은 절반이다.

2. 빈도 확률 또는 통계적 확률. 이것은 일어날 확률이 똑같아 보이지 않는 사건들을 다룬다. 우리가 할 수 있는 최선의 방법은 사건을 최대한 많이 반복하거나 관찰하여 어떤 결과가 일어나는 빈도를 조사하는 것이다. 예를 들어 육안으로는 알 수 없지만, 주사위를 불균일하게 만들었다고 가정하자. 그것을 조사하기 위해서는 주사위를 백 번쯤 굴려보면 된다. 그 결과, 그 주사위는 예컨대 6이 나올 확률이 1/6이 아니라 7/10이라는 결론을 얻을 수 있다.

3. 귀납적 확률. 이것은 과학자가 어떤 법칙이나 가설에 부여하는 신뢰도를 말한다. 자연에 대한 지식이 불충분하여 고전적인 방법으로는 해답을 얻을 수 없고, 실험이나 관찰도 충분치 않거나 결과가 모호하여 정확한 빈도를 알 수 없는 경우가 있다. 예를 들어 과학자는 현재의 모든 과학 지식에 바탕한 모든 증거를 검토하여 우주에 블랙홀이 존재할 확률이 높다는 결론을 내린다. 그러한 추정 확률은 결코 정확한 것이 될 수 없고, 새로운 증거가 계속 발견됨에 따라 변한다.

　이 장의 맨 마지막에 소개된 두 역설은 귀납적 확률에 관한 것이다. 통계의 파라독스 맨 마지막에 소개된 두 역설도 마찬가지다. 그러한 역설들에 관한 책을 더 읽는다면, 현대 확률론과 과학 철학 중에서도 가장 깊은 영역을 탐구하게 될 것이다.

도박사의 궤변

맹 교수 : '딸만나' 부부는 딸만 다섯 명 낳고, 아들은 한 명도 낳지 못했다.

딸만나 부인 : 다음번 아기는 딸이 아니었으면 좋겠어요.

딸만나 : 지금까지 계속해서 딸만 다섯이 나왔으니, 이번에는 틀림없이 아들이겠지.

딸만나 씨의 생각은 과연 옳을까?

맹 교수 : 많은 도박사는 룰렛 게임에서 붉은색이 계속 나왔다면, 이번에는 검은색 쪽에 걸어야 이긴다고 생각한다. 과연 그 생각이 옳을까?

에드가 앨런 포(Edgar Allan Poe)는 주사위를 던져 2가 계속해서 다섯 번 나왔다면, 여섯 번째 시도에서 2가 나올 확률은 1/6보다 작다고 주장하였다. 그의 주장은 과연 옳을까?

위의 질문 중 어느 하나에라도 그렇다고 답했다면, 여러분은 소위 '도박사의 궤변'이라는 함정에 빠졌다. 위의 모든 경우에서 다음에 일어나는 사건은 그 전에 일어난 사건과는 전혀 무관하게 독립적으로 일어난다.

우연은 기억도 양심도 없다. 딸만나 부부가 여섯 번째에도 딸을 낳을 확률은 여전히 1/2이다. 룰렛에서 붉은색이 나올 확률도 여전히 1/2이며, 주사위에서 2가 나올 확률은 언제나 1/6이다.

바꿔 말하면, 딸만나 씨는 동전을 던져 앞면이 계속해서 다섯 번 나온 것과 같다. 여섯 번째 시도에서도 앞면이 나올 확률은 그 전과 다름없이 1/2이다. 동전은 앞에 나온 결과를 기억하지 않는다.

어떤 사건 A가 사건 B에 영향을 끼칠 때, 사건 B는 사건 A에 '종속적'이라고 말한다. 예를 들면 내일 여러분이 우산을 가져갈 확률은 내일 비가 내릴 확률(좀더 정확하게는 여러분이 추정하는 확률)에 종속적이다. 반대로 서로간에 아무런 관계가 없는 사건들은 '독립적'이라고 말한다. 내일 당신이 우산을 가져갈 확률은 대통령이 아침에 굴비를 먹을 확률과는 완전히 독립적이다.

대부분의 사람들은 독립적인 사건이 일어날 확률은 같은 종류의 다른 독립적인 사건에 얼마나 가까이 있느냐에 영향을 받는다고 생각한다. 그래서 제1차 세계대전 때 병사들은 새로 생긴 포탄 구덩이 속으로 뛰어들었다. 한 번 떨어진 곳에 다시 포탄이 계속해서 떨어질 가능성이 적다고 판단했기 때문에, 그들은 좀전에 생긴 포탄 구덩이가 더 안전하다고 생각한 것이다.

비행기 여행을 자주 하는 어느 남자에 관한 재미있는 이야기가 있다. 그는 누군가 폭탄을 몰래 숨겨 비행기에 탈지도 모른다고 두려워한 나머지 자신이 속이 빈 폭탄을 가방에 넣고 다녔다. 그 남자는 폭탄을 가진 승객이 비행기에 탑승하는 것 자체가 힘든 일이므로, 폭탄을 가진 승객이 동시에 둘이나 탑승하는 것은 더더욱 일어나기 힘들 것이라고 생각했다. 그러나 그 남자가 폭탄을 가지고 다니는 것은 다른 사람이 진짜 폭탄을 가지고 비행기에 탈 확률에는 아무런 영향도 미치지 않는다! 그것은 동전을 던져서 앞면 또는 뒷면이 나오는 사건이 다음 사건에 아무런 영향을 미치지 않는 것과 마찬가지이다.

룰렛 게임 중에서 가장 인기 있는 달랑베르 시스템도 '도박사의 궤변'에 바탕한 것이다. 이 게임에서는 붉은색 또는 검은색 쪽에 돈을 거는데, 잃을 때마다 돈을 더 많이 걸고, 딸 때마다 돈을 더 적게 건다. 이 게임 방식에는 룰렛에서 도는 작은 상아 구슬이 어떤 사람에게 돈을 따게 해주었다면, 그것을 기억했다가 다음번에는 그 사람이 돈을 따기 힘들게 만든다는 가정이 깔려 있다. 마찬가지로 돈을 잃었을 경우에는 구슬이 그 사람을 불쌍하게 여겨 다음번에는 도와주려고 한다는 것이다.

공정한 룰렛 위에서 굴러가는 구슬은 그 전에 일어난 모든 사건과는 독립적이라는 사실은, 어떤 룰렛 게임 방식도 도박사에게 아무런 이익도 주지 않는다는 것을 증명해준다. 도박에서 사용하는 확률은 두 가지 의미를 가질 수 있다. 동전을 던져 앞면이 나올 확률은 1 대 1(또는 5 대 5)이다. 그러나 도박장에서는 이익을 남기기 위해 여러분이 5달러를 걸어 이기더라도 4달러만 준다. 그러고는 이렇게 말한다. "앞면이 나올 확률은 4 대 5입니다." 그러니까 공정한 확률보다 더 작은 확률에 돈을 걸라고 사람들을 유혹하는 셈이다. 존 스케임(John Scame)은 『도박에 관한 완전한 안내서』에서 이것을 다음과 같이 설명하고 있다.

공정한 확률보다 낮은 확률에 돈을 건다면(이것은 모든 도박장에서 늘 일어나는 일이지만), 여러분은 도박장 운영자에게 일정 비율의 돈을 도박을 하는 사용료로 지불하는 셈이다. 여러분이 돈을 딸 확률은 수학자들이 '마이너스 기대값'이라 부르는 것이다. 여러분의 기대값, 즉 이겼을 때 받는 돈에다 이길 확률을 곱한 값은 당신이 건 돈보다 적다. 따라서 당신은 평균적으로는 매번 돈을 걸 때마다 약간씩 돈을 잃는 셈이다. 마이너스를 아무리 더해봐야 플러스가 될 리가 없다…….

에드거 앨런 포의 잘못된 주장은 『마리 로제의 미스터리』라는 탐정 소설의 후기에 나온다. 주사위를 던지는 것 역시 동전이나 룰렛과 마찬가지로 그 전에 일어난 사건들과는 완전히 독립적인 사건들이 일어난다.

그래도 '도박사의 궤변'을 떨쳐버릴 수 없다면, 실제로 실험을 통해 여러분의 생각이 틀렸음을 확인해보자. 동전을 계속 던지면서 앞면이나 뒷면이 세 번 연속해서 나온 다음에만 그 다음번에 동전을 던질 때 그 반대쪽에 돈을 걸어보라. 즉 앞면이 계속해서 세 번 나온 뒤에는 뒷면에 돈을 걸고, 뒷면이 계속해서 세 번 나온 뒤에는 앞면에 돈을 건다. 이렇게 50번 정도 돈을 걸면, 여러분이 가진 돈은 처음에 시작하던 때와 큰 차이가 없을 것이다. 물론 이 경우에도 앞면이 나올 확률과 뒷면이 나올 확률은 똑같다.

아기 고양이 네 마리

맹 교수 : 확률 계산을 할 때 우리는 실수를 범하기 쉽다. 화목하게 가정을 꾸려 살아가는 고양이 부부의 예를 살펴보기로 하자.

아빠 고양이 : 여보, 이번에 우리가 낳은 아기 고양이가 모두 몇 마리지?

엄마 고양이 : 당신은 셀 줄도 몰라요? 네 마리잖아요.

아빠 고양이 : 수컷은 몇 마리지?

엄마 고양이 : 그건 아직 잘 몰라요.

아빠 고양이 : 전부 다 수컷일 가능성은 별로 없겠지?

엄마 고양이 : 전부가 암컷일 가능성도 별로 없지요.

아빠 고양이 : 수컷이 한 마리만 있지 않을까?

엄마 고양이 : 암컷이 한 마리만 있을 수도 있죠.

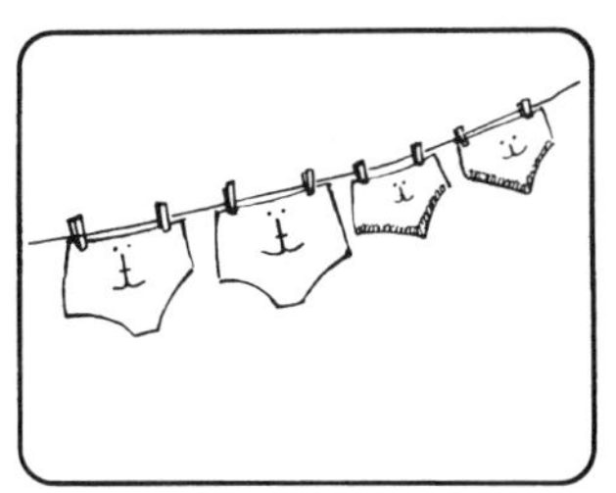

아빠 고양이 : 잠깐만! 아기 고양이 한 마리가 수컷이나 암컷일 확률은 각각 1/2이지. 그러면 수컷 둘에 암컷 둘일 가능성이 제일 많아. 개들 이름은 지어놓았소?

맹 교수 : 아빠 고양이의 생각이 과연 옳을까? 어디 한번 검토해보자. 수컷은 B, 암컷은 G라고 나타내고, 가능한 열여섯 가지의 경우를 모두 적어보자.

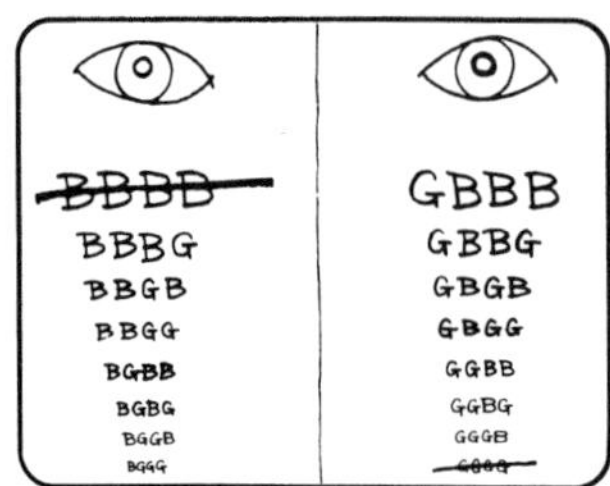

아기 고양이가 전부 수컷 또는 암컷으로 이루어진 경우는 두 가지밖에 없다. 따라서 이 경우의 확률은 2/16 =1/8이다. 이 경우는 별로 가능성이 없다는 아빠 고양이의 생각은 옳다.

이번에는 아빠 고양이가 가장 가능성이 크다고 한 수컷과 암컷이 각각 두 마리일 확률을 계산해보자. 그것은 모두 여섯 가지가 있으므로, 확률은 6/16=3/8이다. 이것은 1/8보다 크므로 아빠 고양이의 생각이 맞을지도 모른다.

그러나 그 비율이 3:1이 되는 경우도 생각해보아야 한다. 이 경우는 모두 여덟 가지이므로, 그 확률은 8/16=1/2이다. 이것은 암수가 2:2로 나뉠 확률보다 더 크다. 계산을 잘못한 것은 아닐까?

우리의 확률 계산이 정확하다면 모든 확률을 더한 값은 1이 되어야 한다. 앞의 세 가지 경우의 확률을 더하면 분명히 1이다. 그렇다면 아빠 고양이의 추측이 잘못된 것이 분명하다. 가장 가능성이 높은 분할비는 2:2가 아니고 3:1이다.

한 가정에 네 명의 자녀가 있을 때, 남녀의 성비(性比)가 2:2인 경우보다 3:1인 경우(남자 3, 여자 1 또는 여자 3, 남자 1)가 더 흔하다는 사실에 대부분의 사람들은 놀란다. 그렇지만 동전 네 개를 던져 앞뒤가 나오는 비율을 조사해보면, 이 사실을 확인할 수 있다. 이 실험을 100번 해보면, 3:1의 비율이 나오는 경우는 약 50번, 2:2의 비율이 나오는 경우는 약 33번일 것이다.

그러면 자녀의 수가 다섯 명이나 여섯 명인 경우에 대해서도 여러 가지 성비의 확률을 구해보고 싶을 것이다. 각 경우의 수를 일일이 적어나가면서 알아볼 수도 있지만, 이것을 다소 지루하게 느낀다면 확률에 관한 책을 참고해 더 간단한 방법을 배울 수도 있다.

브리지 게임에서 카드의 네 가지 무늬가 나누어지는 확률도 우리가 직관적으로 추측하는 것과는 어긋나는 경우가 많다. 물론 가장 일어나기 힘든 경우는 열세 장의 카드가 모두 같은 무늬로 이루어질 경우이다(그것이 일어날 확률은 1 : 158753389899이다). 그러면 가장 일어나기 쉬운 카드의 조합은 어떤 것일까?

브리지 게임에 능숙한 사람들도 흔히 4:3:3:3이라고 생각하는데, 이것은 잘못이다. 정답은 4:4:3:2이다. 이 경우는 패를 다섯 번 돌릴 때마다 한 번꼴로 일어나지만, 4:3:3:3의 조합은 아홉 내지 열 번을 돌릴 때마다 한 번꼴로 나타난다. 또 5:3:3:2도 4:3:3:3보다 더 자주 일어나는데, 여섯 번 돌릴 때마다 한 번꼴로 일어난다. 어떤 브리지 게임의 설명서에는 모든 조합의 확률을 실어놓았는데, 직접 계산하면서 확인해보는 것도 재미있을 것이다.

가끔 브리지 게임에서 같은 무늬로 된 열세 장의 카드가 모두 들어온 이야기가 신문에 실릴 때가 있다. 그렇지만 그 확률은 너무나도 낮기 때문에, 엉터리 기사이거나 카드를 나누어주는 사람이 교묘하게 속임수를 썼거나 아니면 새 카드를 섞을 때 완벽한 엇갈려 섞기를 하면 그런 패가 생길 수 있다. 완벽한 엇갈려 섞기는 카드를 정확하게 절반씩 나누어 양쪽의 카드가 한 장씩 차례로 엇갈리며 섞이는 것을 말한다. 새 카드는 네 가지 무늬의 카드가 한 벌씩 순서대로 섞여 있다. 완벽한 엇갈려 섞기를 두 차례 한 뒤, 카드를 한 번 떼어 나누어주면, 같은 무늬로 된 열세 장의 카드가 모두 들어올 수 있다.

카드를 이용한 야바위

맹 교수 : 많은 도박 게임에서 사람들은 자신의 확률 계산을 과신했다가 낭패를 보곤 한다. 카드 세 장과 모자로 하는 간단한 게임으로 그것을 증명할 수 있다.

거울에 비친 그림은 카드의 양면이 어떻게 되어 있는지 보여준다. 첫 번째 카드는 양면에 스페이드 무늬가 있다. 세 번째 카드는 양면에 다이아몬드 무늬가 있다. 그리고 두 번째 카드는 한쪽에는 스페이드가, 반대쪽에는 다이아몬드가 무늬가 있다.

야바위꾼이 이 카드들을 모자 속에 넣어 섞고는 여러분에게 한 장을 꺼내 테이블 위에 놓으라고 한다. 그런데 야바위꾼은 그 카드를 보고 뒷면도 앞면과 같다는 데 돈을 걸고, 여러분은 서로 다르다는 데 돈을 건다. 여러분이 뽑은 카드의 앞면이 다이아몬드인 경우를 생각해보자.

이 게임이 공평하다는 것을 설명하기 위해 야바위꾼은 이렇게 말한다.

야바위꾼 : 이 카드는 양면이 스페이드인 카드일 리는 절대 없습니다. 이것은 스페이드-다이아몬드 카드이거나 다이아몬드-다이아몬드 카드일 수밖에 없지요. 따라서 당신이 이길 확률이나 제가 이길 확률이나 똑같아요.

그런데 이 게임이 공평하다면, 어떻게 야바위꾼은 얼마 안 가 당신의 돈을 다 땄을까? 그것은 그의 설명이 엉터리였기 때문이다. 이 게임에서 야바위꾼이 이길 확률은 1/2이 아니라 2/3이다.

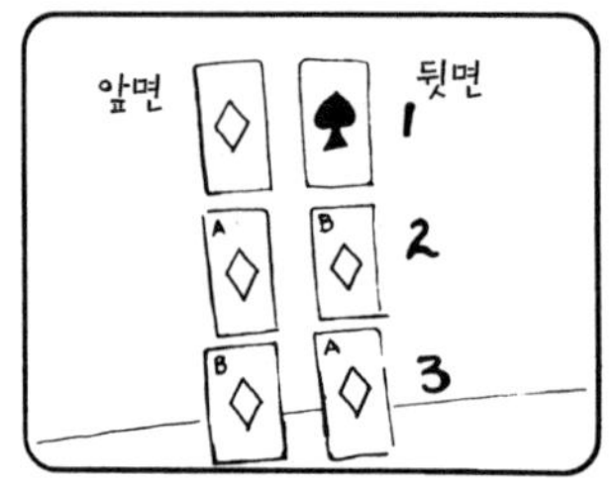

가능한 경우의 수는 두 가지가 아니라 세 가지이다. 여러분이 뽑은 카드는 스페이드-다이아몬드, 다이아몬드-다이아몬드(A면이 앞면인 경우), 다이아몬드-다이아몬드(B면이 앞면인 경우) 세 가지 중 하나이다. 결과적으로 야바위꾼은 평균적으로 세 번 중에 두 번은 돈을 딴다.

이 게임은 정보 이론의 창시자 중 하나인 유명한 수학자 워런 위버(Warren Weaver)가 고안한 것이다. 그는 〈사이언티픽 아메리칸〉지 1950년 10월호에 실린 '확률'이란 제목의 글에서 이 게임을 소개했다.

이 게임의 승률을 계산할 수 있는 또 다른 방법이 있다. 세 장의 카드 중에서 두 장은 양면의 모양이 똑같다. 따라서 이 중에서 양면의 모양이 같은 카드를 뽑을 확률은 2/3이다.

이 카드 게임은 '베르트랑의 상자 역설'로 알려진 게임을 변형시킨 것이다. 프랑스 수학자인 베르트랑(J. Bertrand)은 1889년에 출판된 확률론에 관한 책에서 그것을 소개했다. 거기에는 상자 세 개가 나온다. 첫 번째 상자에는 금화 두 개가, 두 번째 상자에는 은화 두 개가, 세 번째 상자에는 금화와 은화가 한 개씩 들어 있다. 이 중에서 어느 상자를 임의로 선택할 때, 똑같은 돈이 들어 있을 확률은 명백히 2/3이다.

그런데 이렇게 선택한 상자 속에서 동전을 하나만 꺼내보았더니 금화였다고 하자. 그러면 이 상자는 은화가 두 개 들어 있는 상자는 아니다. 즉 이 상자는 금화가 두 개 들어 있거나 금화와 은화가 한 개씩 들어 있는 상자이다. 각각의 상자를 선택할 확률은 똑같으므로, 똑같은 동전 두 개가 들어 있는 상자를 고를 확률은 1/2인 것처럼 보인다. 꺼낸 동전이 은화일 경우에도 마찬가지로 추론할 수 있다.

상자 속의 동전 하나를 본다고 해서 똑같은 동전 두 개가 들어 있는 상자의 확률이 변할까? 분명히 그럴 리는 없다.

또 다른 예를 들어보자. 동전 세 개를 던졌을 때, 모두가 같은 면이 나올 확률은 얼마일까? 세 개 중 최소한 두 개는 앞면이든 뒷면이든 같은 면이 나올 것이다. 그리고 나머지 하나는 그 두 개와 같은 면이나 다른 면이 나올 것이다. 동전 하나를 던져 어느 한쪽 면이 나올 확률은 1/2이므로, 세 개의 동전이 똑같은 면이 나올 확률도 1/2인 것처럼 보인다.

그러나 이 추론이 잘못되었다는 것은 가능한 경우의 수를 모두 적어보면 분명히 드러난다.

1	2	3
앞면	앞면	앞면
앞면	앞면	뒷면
앞면	뒷면	앞면
앞면	뒷면	뒷면
뒷면	앞면	앞면
뒷면	앞면	뒷면

뒷면　　　뒷면　　　앞면

뒷면　　　뒷면　　　뒷면

　여기서 세 동전이 모두 똑같은 면이 나오는 경우는 두 가지뿐이다. 따라서 그 확률은 2/8＝1/4이다.

　역시 모든 경우의 수를 생각해보지 않으면 엉뚱한 결론을 내리기 쉬운 예를 하나 더 살펴보자. 소년은 구슬 한 개, 소녀는 구슬 두 개를 가지고 있다. 둘은 가진 모든 구슬을 땅에 박혀 있는 말뚝을 향해 굴려 가장 가까이 다가간 쪽이 이기는 내기를 한다. 소년과 소녀의 실력은 똑같다고 가정하고, 아주 정밀한 측정 장비를 사용하기 때문에 비기는 경우는 없다고 하자. 그럴 때 소녀가 이길 확률은 얼마일까?

주장 1 : 소녀는 구슬을 두 개를, 소년은 한 개를 가지고 있으므로, 소녀가 이길 확률은 2/3이다.

주장 2 : 소녀의 구슬을 A와 B라 하고, 소년의 구슬을 C라고 하자. 그러면 네 가지 결과를 생각해볼 수 있다.

　　1. A와 B가 C보다 말뚝에 더 가깝다.

　　2. A만 C보다 말뚝에 더 가깝다.

　　3. B만 말뚝에 더 가깝다.

　　4. C가 A와 B보다 말뚝에 더 가깝다.

이 중에서 세 번을 소녀가 이기므로 소녀가 이길 확률은 3/4이다.

　어느 쪽 주장이 옳을까? 이번 경우에도 사실을 명백히 밝히기 위해 모든 경우의 수를 열거해보자. 구슬이 말뚝에 가까운 순서대로 늘어설 수 있는 경우의 수는 네 가지가 아니라 여섯 가지이다.

A	B	C
A	C	B
B	A	C
B	C	A
C	A	B
C	B	A

이 중에서 네 번은 소녀가 이긴다. 따라서 첫 번째 주장이 맞다. 소녀가 이
길 확률은 4/6, 즉 2/3이다.

엘리베이터 미스터리

엘리베이터를 이용하는 사람들은 기묘한 확률에 궁금해하는 경우가 있다. 이 건물의 엘리베이터들은 모두 독자적으로 움직이며, 운행 속도와 각 층에서 머무는 시간도 똑같다고 가정하자.

늘바빠 씨는 꼭대기층에서 조금 아래층에 사무실이 있다. 그런데 그는 불만이 많다.

늘바빠 : 도대체 이해가 가지 않아. 13층에서 맨 먼저 멈춰서는 엘리베이터는 모두 올라가기만 한단 말이야! 항상 그래!

늘바빠 : 지하실에서 엘리베이터를 계속 생산하면서 옥상으로 올려보내 실어내 가는 게 아닐까?

한편 늘한가 양은 낮은 층에 있는 사무실에서 일한다. 그는 매일 옥상의 식당에서 점심을 먹는데, 역시 엘리베이터에 대해 불만이 많다.

늘한가 : 도대체 이해가 가지 않아. 나는 위층으로 올라가길 원하는데, 멈춰서는 엘리베이터는 대부분 내려가기만 하니 말이야!

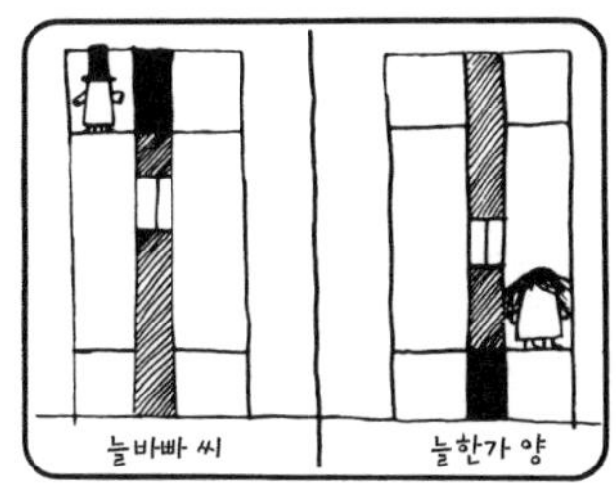

그림으로 나타내보면 이 미스터리가 풀린다. 늘바빠 씨의 경우에는 자기가 있는 층과 그보다 더 높은 층(그림에서 검게 칠한 부분)에서 출발한 엘리베이터만이 아래로 내려간다. 그렇지만 엘리베이터가 이 구간에 있을 확률은 아래에 있을 확률보다 훨씬 낮다. 그래서 엘리베이터가 아래에서 위로 올라올 확률이 더 높은 것이다. 늘한가 양의 경우도 똑같은 방법으로 설명할 수 있다.

엘리베이터 역설은 물리학자인 조지 가모(George Gamow)와 그의 친구 마빈 스턴(Marvin Stern)이 쓴 책『퍼즐 수학』에 나온다. 그런데 엘리베이터가 한 대만 등장하는 역설을 설명하면서 가모와 스턴은 작은 실수를 범했다. 그들은 엘리베이터의 수가 두 대 이상이 되더라도 그 확률은 똑같다고 주장했던 것이다.

그 잘못을 처음 지적한 사람은 스탠퍼드대학의 컴퓨터 과학자 도널드 크누스(Donald Knuth)였다. 그는 엘리베이터의 수가 증가하면, 어느 층에 멈춰서는 최초의 엘리베이터가 올라갈 확률은 1/2에 가까워지며, 내려갈 확률 역시 1/2에 가까워진다는 것을 증명했다.

그런데 이 상황은 어떤 의미에서는 더욱 역설적으로 보인다. 만약 당신이 옥상에 가까운 높은 층에서 어느 한 대의 엘리베이터 앞에서만 기다리고 있다면, 다음번에 도착하는 엘리베이터는 위로 올라갈 확률이 더 높다. 그러나 어느 한 엘리베이터에만 집착하지 않는다면, 다음 엘리베이터가 위로 올라갈 확률은 전혀 달라진다. 엘리베이터의 수가 늘어날수록 엘리베이터가 올라가거나 내려갈 확률은 1/2에 가까워진다.

물론 이 모든 경우에 엘리베이터는 각자 독자적으로 일정한 속도로 움직이고, 각 층에서 멈춰서는 시간도 똑같다고 가정했다(요즘에는 운송 효율을 높이기 위해 컴퓨터가 엘리베이터의 운행을 조절하기 때문에 각각의 엘리베이터가 독자적으로 움직이지 않는다─옮긴이). 엘리베이터가 몇 대밖에 없는 경우에는 확률에는 그다지 큰 변화가 없다. 그러나 엘리베이터 수가 스무 대를 넘으면, 그 확률은 1층과 꼭대기층을 제외한 나머지 층에서는 모두 1/2에 가까워진다.

엇갈린 두 여자 친구의 운명

맹 교수 : 두 애인을 놓고 누구를 만나러 갈지 고민하는 어느 청년의 이야기를 들어보았는가? 두 애인 중 한 사람은 북쪽에 살고, 다른 한 사람은 남쪽에 산다. 청년은 매일 역으로 나가 먼저 오는 쪽의 기차를 탔다.

출 발 시 간	
북쪽행	남쪽행
12 : 00	12 : 01
12 : 10	12 : 11
12 : 20	12 : 21
12 : 30	12 : 31
12 : 40	12 : 41
12 : 50	12 : 51

북쪽과 남쪽으로 가는 기차는 10분마다 한 대씩 도착한다.

북쪽에 사는 예쁜이는 기뻐하며 이렇게 말했다.
예쁜이 : 열흘 동안에 날 만나기 위해 아홉 번이나 찾아오다니 난 너무 행복해.

그러나 남쪽에 사는 아름다운은 몹시 토라져 있었다.
아름다운 : 열흘 동안 날 보러 한 번밖에 안 오다니 어떻게 이럴 수가 있어?

시 간 표

북	남
12 : 00	12 : 01
12 : 10	12 : 11
12 : 20	12 : 21
12 : 30	12 : 31
12 : 40	12 : 41
12 : 50	12 : 51

이 기묘한 상황은 엘리베이터 미스터리와 비슷하다. 북쪽과 남쪽으로 향하는 기차가 10분마다 한 대씩 도착하는 것은 사실이지만, 남쪽으로 가는 기차는 언제나 북쪽으로 가는 기차보다 1분 뒤에 도착해 출발한다는 사실에 주목해야 한다.

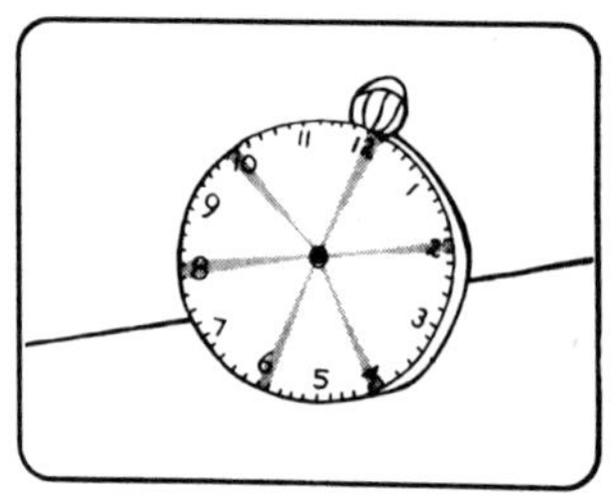

남쪽으로 가는 기차를 타려면 그 1분 사이에 역에 도착해야 한다. 그러나 북쪽으로 가는 기차를 타려면 9분의 간격 안에 도착하면 된다. 따라서 청년이 북쪽으로 갈 확률은 9/10이고, 남쪽으로 갈 확률은 1/10이다.

이 역설에서는 열차를 기다리는 시간이 열차 운행 시간표에 의해 결정되어 있다. 일련의 무작위적인 사건들이 계속될 때, 각 사건 사이의 평균 대기 시간은 모든 대기 시간을 더하여 그 횟수만큼 나누어주면 된다. 따라서 이 청년의 경우, 북행 열차를 타기 위한 평균 대기 시간은 9/2분이고, 남행 열차를 타기 위한 평균 대기 시간은 1/2분이다.

대기 시간에 대한 역설은 그 밖에도 많다. 그 중에서 재미있는 것을 하나 소개한다. 동전 던지기 게임에서 어느 한쪽 면이 나오기까지 평균 대기 시간, 즉 동전을 던져야 하는 평균 횟수는 2회이다. 다시 말해서, 동전을 던진 결과를 죽 적어놓은 명단에서 앞면이 나온 사건과 그 다음에 앞면이 나온 두 사건 사이의 평균 대기 시간은 2회이다.

그 결과를 세로로 길게 적은 명단이 있다고 하자. 그것을 임의로 둘로 나누어보자(눈을 감고 아무 곳이나 가로로 선을 그으면 된다). 그런 다음, 그 선에서 위 아래로 가장 가까이 있는 두 앞면 사이의 간격을 세어보라. 이 과정을 여러 차례 반복한다면 그 평균 간격은 얼마가 될까?

직관적으로 2회라고 대답하기 쉽지만, 실제로는 3회이다. 왜냐하면 우리는 북행 열차를 타기가 더 쉬웠던 청년과 똑같은 상황에 놓여 있기 때문이다. 두 개의 앞면 사이에 존재하는 간격은 어떤 것은 길고, 어떤 것은 짧다. 임의로 그은 선은 젊은이가 역에 도착하는 불시의 시간과 같다. 그래서 짧은 간격보다는 긴 간격 사이에 놓일 확률이 더 높은 것이다.

3회가 옳다는 것을 증명해보자. 동전은 과거의 자기 행동을 기억하지 않는다. 따라서 어느 지점에 선을 긋든지 간에 하나의 앞면에서 다음 앞면까지의 평균 간격은 2회이다. 이것은 시간을 거슬러올라가 선의 반대쪽 방향에 대해서도 마찬가지이다. 결과적으로 양쪽의 다른 두 앞면까지의 평균 간격은 2회의 두 배인 4회이다(두 앞면을 포함할 경우). 그러나 정의상 두 앞면의 평균 간격을 구하려면 한쪽 앞면은 빼야 하므로, 그 결과는 4−1=3회가 된다.

룰렛에서는 이것이 더욱 놀라운 방식으로 나타난다. 룰렛에는 0과 00을 포함해 38개의 번호가 있다. 어떤 번호, 예를 들어 7이 나올 때까지 기다려야 하는 평균 대기 시간은 38회이다. 그러나 그 결과를 길게 적은 명단 위에서 임의로 수를 하나 선택하고, 거기서 7과 그 다음 7까지의 평균 간격을 구하면 38회가 아니고, (2×38)−1=75회이다.

거북이 세 마리

야바위꾼 : 자, 오세요, 오세요! 어느 거북이 밑에 콩이 있는지 알아맞혀 보세요. 그러면 여러분이 건 돈의 두 배를 드립니다.

잠시 동안 돈을 걸었던 '뭐든지 척척' 씨는 자신이 이길 확률은 세 번 중에 한 번밖에 되지 않는다는 사실을 알고는 그만두려고 했다.

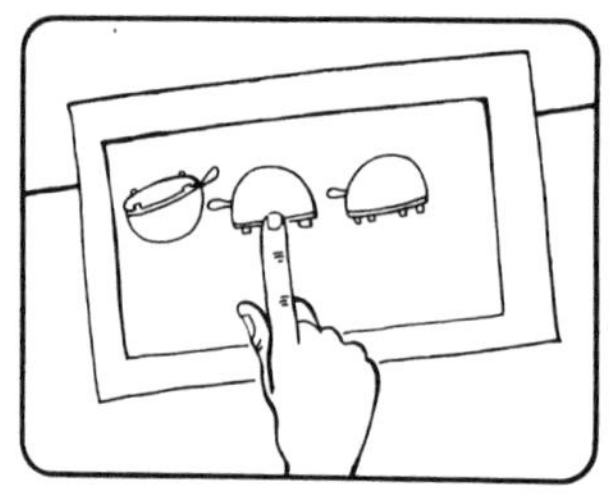

야바위꾼 : 아, 그냥 가면 섭섭하지요. 제가 새로운 제안을 하죠. 거북이 한 마리를 선택하세요. 그러면 저는 비어 있는 다른 한 마리를 뒤집어보이겠습니다. 그러면 콩은 당신이 선택한 거북이와 나머지 한 마리 중 어느 한쪽에 들어 있을 것입니다. 그러면 당신이 이길 확률은 훨씬 높아질 겁니다.

그 말을 듣고 계속 돈을 건 척척 씨는 순식간에 돈을 다 날리고 말았다. 그는 텅 비어 있는 거북이 한 마리를 뒤집어놓는다고 해도 그가 이길 확률이 조금도 변하지 않는다는 사실을 이해하지 못했다. 여러분은 그 이유를 아는지?

척척 씨가 일단 하나의 거북이를 선택하면, 남아 있는 두 거북이 중 최소한 하나는 비어 있다. 야바위꾼은 거북이 세 마리 중에서 어느 쪽에 콩이 들어 있는지를 알고 있으므로, 인심을 쓰는 척하며 비어 있는 것을 뒤집어 보여줄 수 있다. 그러나 이 행동은 척척 씨에게 어떤 추가적인 정보도 제공해주지 않으며,

이길 확률을 조금도 높여주지 않는다.

콩 대신에 빨간 카드 두 장과 검은 카드 한 장을 사용할 수도 있다. 카드 세 장을 엎어놓고, 상대방에게 검은 카드를 골라내게 한다. 검은 카드를 선택할 확률은 얼마일까? 물론 1/3이다. 그렇지만 여러분이 야바위꾼과 마찬가지로 나머지 두 카드를 살짝 보고 빨간 카드를 뒤집어놓는다. 그리고 이렇게 주장한다. "이제 뒤집혀 있지 않은 카드는 두 장뿐이고, 검은 카드는 둘 중 하나이다. 따라서 네가 선택한 카드가 검은 카드일 확률은 1/2이다." 그러나 실제로 그 확률은 여전히 1/3이다. 여러분은 항상 빨간 카드를 한 장 뒤집어 보여줄 수 있기 때문에 어떤 새로운 정보도 제공하는 것이 아니며, 또 확률에도 아무런 변화가 없다.

이 게임을 약간 변형시켜 친구를 더욱 헷갈리게 만들 수 있다. 친구에게 선택한 카드 외에 다른 카드 하나를 뒤집을 권리를 준다. 만약 뒤집은 카드가 검은 카드라면 그 게임은 무효로 선언되고 다시 시작한다. 뒤집은 카드가 빨간 카드라면 게임을 계속한다. 이렇게 하면 친구가 검은 카드를 알아맞힐 확률이 높아질까?

이상하게 생각될지 모르지만, 그렇다. 그 확률은 1/2이다. 왜 그런지 자세히 알아보자. 카드에 순서대로 1, 2, 3의 번호를 매긴다. 친구가 두 번 카드를 선택하고, 세 번 카드를 뒤집었더니 빨간 카드였다고 하자.

카드가 배열될 수 있는 경우의 수는 모두 여섯 가지이며, 그 각각이 일어날 확률은 모두 같다(검은 카드를 '검', 빨간 카드를 '빨'이라 표시하자).

① 검, 빨$_1$, 빨$_2$

② 검, 빨$_2$, 빨$_1$

③ 빨$_1$, 검, 빨$_2$

④ 빨$_1$, 빨$_2$, 검

⑤ 빨₂, 검, 빨₁
⑥ 빨₂, 빨₁, 검

만약 3번 카드(뒤집은 카드)가 검은 카드라면, 이 게임은 무효이므로 ④와 ⑥의 경우는 제외시키자. 남은 네 가지 경우(①, ②, ③, ⑤) 중에서 2번 카드(선택한 카드)가 검은 카드인 경우는 두 가지이다. 따라서 검은 카드를 선택할 수 있는 확률은 1/2이다.

그 확률은 선택한 카드와 뒤집은 카드가 어떤 것이든 관계없이 항상 똑같다. 만약 척척 씨에게 다른 거북이 한 마리를 뒤집을 권리를 주고 만약 그것이 텅 빈 것으로 나왔다면, 그가 이길 확률은 1/3에서 1/2로 올라간다.

주사위 게임의 함정

맹 교수 : 다음번에 축제 구경을 가거든 주사위 야바위꾼 근처에는 가까이 가지 않도록 하라. 많은 사람들은 자신이 돈을 잃을 리가 없다는 확신을 갖고 덤볐다가 돈을 날린다.

이 주사위 우리 안에는 주사위가 세 개 들어 있고, 밖에 우리를 돌리는 손잡이가 붙어 있다. 사람들은 1에서 6까지의 번호에 돈을 건다. 그런데 하나의 주사위가 자신이 선택한 번호와 같으면 건 돈의 두 배를, 두 개의 주사위가 같으면 건 돈의 세 배를, 세 개의 주사위가 같으면 건 돈의 네 배를 받는다.

어리숙해 씨 : 주사위가 하나뿐이라면 내가 선택한 번호가 나올 확률은 1/6이다. 주사위가 두 개라면 여섯 번 던졌을 때 내가 선택한 번호가 나올 확률은 두 번이고, 주사위가 세 개라면 세 번일 것이다. 따라서 내가 이길 확률은 1/2이다.

어리숙해 씨 : 그런데 내가 돈을 딸 확률은 그보다 더 높다. 만약 내가 5에 1000원을 걸었는데, 두 개의 주사위에서 5가 나온다면 2000원을 받고, 세 개의 주사위에서 5가 나온다면 3000원을 받는다. 따라서 이 게임은 나한테 유리하다.

많은 사람들이 이와 비슷한 생각을 하기 때문에 카지노는 엄청난 돈을 번다. 왜 이 주사위 게임은 야바위꾼에게 돈을 벌어다줄까?

주사위 세 개로 하는 도박은 세계 각국의 많은 카지노에 설치돼 있다. 야바위꾼은 "세 사람은 잃고, 세 사람은 땁니다"라고 광고하며 사람들을 유혹한다. 이 말대로라면 그것은 아주 공정한 게임처럼 보인다. 세 주사위의 눈이 항상 서로 다른 것이 나온다면, 실제로 이 게임은 공정한 것이 될 것이다. 야바위꾼은 잘못 선택한 세 사람에게서 1000원씩을 걸어(6명이 각각 1000원씩 걸었다고 가정하면) 알아맞힌 세 사람에게 1000원씩 나눠주면 된다. 그러나 야바위꾼에게 다행스럽게도 같은 눈이 두 개 또는 세 개가 나올 수 있다. 같은 눈이 두 개 나오면, 야바위꾼은 4000원을 걸어 3000원만 지불하면 되므로 1000원이 남는다. 또 같은 눈이 세 개 나오면, 5000원을 걸어 3000원만 지불하면 되므로 2000원이 남는다.

수식으로 야바위꾼이 얻는 이익을 계산하는 것은 상당히 복잡하다. 좀더 안전한 방법은 세 개의 주사위를 던질 때 나타날 수 있는 경우의 수 216가지를 모두 표로 나타내는 것이다. 그 중에서 세 개의 주사위가 모두 다른 눈이 나오는 경우는 120가지이고, 두 개만 같은 눈이 나오는 경우는 90가지, 세 개 모두 같은 눈이 나오는 경우는 여섯 가지임을 알 수 있다. 이 게임을 216번 하여 경우의 수 216가지가 모두 나온다고 가정하자. 그리고 모든 경우에 6명이 각자

1000원씩 건다면, 야바위꾼은 일단 216×6000=1,296,000원을 거둬들인다.

주사위의 눈이 전부 다른 경우에는 120×6000=720,000원을 내주고, 두 개만 같을 경우에는 다른 번호를 맞힌 사람에게 90×2000=180,000원을, 그리고 두 번 나온 수를 맞힌 사람에게 90×3000=270,000원을 내준다. 또 주사위 세 개의 눈이 모두 똑같은 경우에는 6×4000=24,000원을 내준다. 이렇게 해서 지불한 돈은 모두 1,194,000원이므로, 야바위꾼은 102,000원의 차액을 남긴다. 102,000원을 1,296,000원으로 나누면 야바위꾼은 항상 7.8퍼센트의 이익을 남긴다는 것을 알 수 있다. 이것은 여러분이 1000원을 걸 때마다 평균적으로 78원을 잃는다는 것을 의미한다.

이 게임을 한 번 할 때 돈을 딸 수 있는 확률은 얼마나 될까? 여러분이 1에다 돈을 걸었다고 하자. 만약 세 주사위가 빨간색, 초록색, 파란색으로 칠해져 있다면, 빨간색 주사위가 1이 나오고, 나머지 주사위는 임의로 나올 경우의 수는 서른여섯 가지이다. 빨간색 주사위가 1이 아닌 다른 눈이 나오고, 초록색 주사위에 1이 나오고, 파란색 주사위는 아무거나 나올 수 있는 경우의 수는 서른 가지이다. 마지막으로, 파란색 주사위에서 1이 나오고, 빨간색 주사위와 초록색 주사위에서 1이 아닌 다른 눈이 나올 경우의 수는 스물다섯 가지이다. 따라서 세 주사위 중에서 1이 최소한 한 번 이상 나오는 경우의 수는 모두 아흔한 가지이므로, 돈을 한 번 걸 때마다 최소한 1000원을 딸 수 있는 확률은 91/216로, 1/2보다 작다.

알쏭달쏭한 앵무새

맹 교수 : 마담 쫑알대는 앵무새를 두 마리 기르고 있는데, 한 마리는 흰색이고 한 마리는 검은색이다. 어느 날 한 방문객이 그녀에게 물었다. "두 마리 중 하나는 수컷입니까?"

마담 쫑알대 : 그렇습니다.

그렇다면 두 마리 모두 수컷일 확률은 얼마일까? 그것은 1/3이다.

이번에는 방문객이 질문을 이렇게 바꾸어보았다.

방문객 : 흰색 앵무새가 수컷입니까?

마담 쫑알대 : 그렇습니다.

이번에는 두 마리가 모두 수컷일 확률은 1/2로 올라간다. 언뜻 이해가 잘 가지 않을 것이다. 질문 중의 어느 부분이 확률을 변화시켰을까?

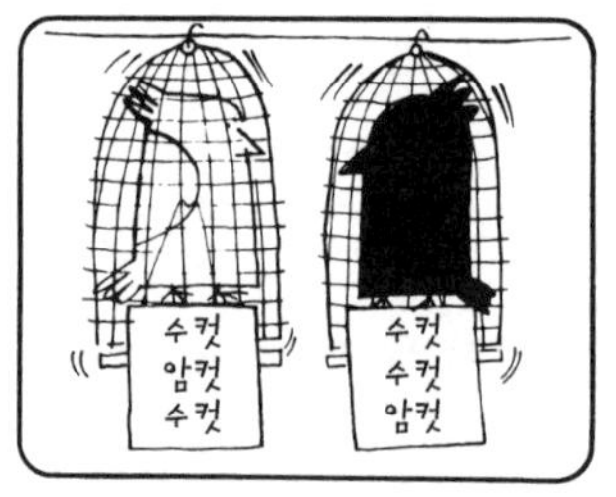

이 역설은 모든 경우의 수를 표로 만들어보면 쉽게 설명된다. 방문객이 "두 마리 중 한 마리는 수컷입니까?" 하고 물었을 때에는 세 가지 경우가 가능하다. 두 마리 중 한 마리만 수컷이든지 두 마리 모두가 수컷인 경우이다. 따라서 두 마리 모두가 수컷일 확률은 1/3이다.

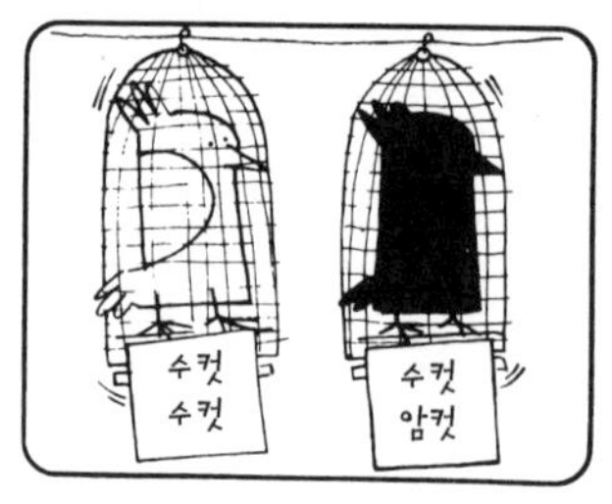

그러나 방문객이 흰 앵무새가 수컷이냐고 물었을 경우에는 가능한 경우의 수는 두 가지뿐이다. 따라서 두 마리 모두가 수컷일 확률은 1/2이다.

이 앵무새 역설을 바탕으로 다른 재미있는 게임을 만들어볼 수 있다. 친구 한 사람과 함께 50원짜리 동전과 100원짜리 동전 두 개를 가지고 동전 던지기 게임을 하면서 그 결과를 여러 가지 방식으로 표현하는 것이다. 다음의 여러 가지 방법 가운데 아무 것이나 사용할 수 있다.

1. 동전이 둘 다 앞면이 나오면, "최소한 하나는 앞면이 나왔다"고 말한다. 또 둘 다 뒷면이 나오면, "최소한 하나는 뒷면이 나왔다"고 말한다. 또 서로 다른 면이 나왔다면 "최소한 하나는 …면이 나왔다"라고 말한다. 물론 '…면'은 앞면이라고 해도 좋고 뒷면이라고 해도 좋다. 이때 동전이 둘 다 상대방이 언급한 면이 나올 확률은 얼마일까? 답은 1/2이다.

2. 이번에는 "최소한 하나는 앞면이 나왔다"라는 말은 그러한 사건이 일어났을 때에만 하기로 한다. 그런 사건이 일어나지 않으면 아무 말도 하지 않고 동전을 다시 던진다. 이때 동전이 둘 다 앞면일 확률은 얼마인가? 답은 1/3이다(두 개의 동전이 모두 뒷면인 경우는 제외되므로).

3. 이번에는 50원짜리 동전이 어떤 면이 나왔는지를 알려주기로 한다. 그러면 동전이 둘 다 같은 면일 확률은 얼마인가? 답은 1/2이다.

4. 50원짜리 동전이 앞면이 나왔을 때만 "최소한 하나는 앞면이 나왔다"라고 말하기로 한다. 그러면 동전이 둘 다 앞면일 확률은 얼마인가? 답은 1/2이다.

앵무새 역설은 때로는 모호한 형식을 띠고 있어 정확하게 답할 수 없는 경우도 있다. 예를 들어 어떤 사람이 당신에게 "내게는 아이가 둘 있는데, 그 중 최소한 하나는 아들이다"라고 말했다고 하자. 두 아이가 모두 아들일 확률은 얼마인가?

이것만으로는 그 사람이 어떤 상황에서 이런 말을 한 것인지 알 수 없기 때문에 이 문제가 정확하게 정의되었다고 할 수 없다. 그 사람은 아들과 딸이 각각 한 명씩 있을 때, "그 중 최소한 하나는 딸이다"라고 성(性)을 바꿔 말할 수도 있고, 또 딸만 둘 있을 경우에도 그렇게 말할 수 있다. 만약 이 경우라면 두 아이가 모두 아들일 확률은 1/2이며, 연습 문제 1번과 같은 문제라고 할 수 있다.

앵무새 역설에서는 방문객이 질문을 함으로써 모호성이 사라진다. "그 중 하나는 수컷입니까?"라는 질문은 연습 문제 2번에 해당된다. "흰색 앵무새가 수컷입니까?"라는 두 번째 질문은 연습 문제 4번에 해당된다.

'두 번째 에이스 역설'이라 불리는 더 놀라운 역설도 앵무새 역설과 관련이 있다. 여러분이 브리지 게임을 하고 있다고 하자. 카드를 다 받고 나서 여러분은 "내게 에이스가 들어왔다"고 말한다. 그러면 여러분에게 에이스가 또 한 장 들었을 확률은 얼마일까? 정확하게는 5359/14498로, 1/2보다 작다.

이번에는 브리지 게임을 하는 모든 사람이 특정 에이스, 예를 들면 스페이드 에이스가 손에 들면 말하기로 합의한다. 게임은 카드를 나누어주면서 누군가가 "내게 스페이드 에이스가 들어왔다"고 말할 때까지 계속된다. 그러면 그 사람에게 두 번째 에이스가 있을 확률은 얼마일까? 이 경우에는 11686/20825로, 1/2보다 약간 크다. 특정 에이스를 지정하면 왜 확률이 변할까?

카드 한 벌 전체를 가지고 확률 계산을 하는 것은 몹시 번거롭고도 지루한 작업이다. 대신에 네 장의 카드로 줄여서 생각하면 이 역설의 구조를 쉽게 이해할 수 있다. 스페이드 에이스, 하트 에이스, 클로버 2, 다이아몬드 잭, 이렇게 네 장의 카드를 가지고 해보자. 이 카드 네 장을 잘 섞은 다음, 두 사람에게 나누어준다. 그러면 한 사람의 손에 들어올 수 있는 두 장의 카드는 경우의 수가 여섯 가지이다.

스페이드 에이스, 하트 에이스

스페이드 에이스, 클로버 2

스페이드 에이스, 다이아몬드 잭

하트 에이스, 클로버 2

하트 에이스, 다이아몬드 잭

클로버 2, 다이아몬드 잭

여섯 가지 중에서 "에이스가 들어왔다"고 말할 수 있는 경우는 다섯 가지이지만, 두 번째 에이스도 들어 있는 경우는 그 다섯 가지 중 한 가지뿐이다. 따라서 두 번째 에이스도 들어올 수 있는 확률은 1/5이다.

또 "스페이드 에이스가 들어왔다"고 말할 수 있는 경우는 세 가지지만, 그 중에서 두 번째 에이스도 들어 있는 경우는 한 가지뿐이다. 따라서 이 경우에 두 번째 에이스도 들어올 수 있는 확률은 1/3이다.

손에 들었다고 말해야 하는 에이스를 어떤 것으로 할지 사전에 모든 사람 사이에 분명하게 합의가 이루어져야 한다. 만약 이 조건이 분명하게 정해져 있지 않으면, 문제가 정확하게 정의되지 않은 것이 된다.

지는 사람이 이긴다

맹 교수는 제자인 갑식이, 을식이와 점심을 먹고 있다.

맹 교수 : 자, 내가 새로운 게임을 보여주마. 너희가 가진 지갑을 식탁 위에 올려놓고, 그 안에 든 돈을 세는 거야. 그렇게 해서 돈을 적게 가진 사람이 상대방의 돈을 몽땅 갖기다.

갑식이 : 흠. 만약 내가 을식이보다 돈을 더 많이 가졌다면, 을식이는 내가 가진 그 돈만 가지겠지. 그렇지만 을식이가 나보다 돈을 더 많이 가졌다면, 나는 내가 가진 돈보다, 다시 말해서 내가 잃을지도 모르는 돈보다 더 많은 돈을 딴다. 이 게임은 분명히 나에게 유리하다.

을식이 : 만약 내가 갑식이보다 돈을 더 많이 가졌다면, 갑식이는 단지 내가 가진 돈만 가질 것이다. 그렇지만 갑식이가 돈을 더 많이 가졌다면, 나는 내가 가진 돈보다 더 많은 돈을 딸 수 있다. 이 게임은 나한테 유리하다.

이 게임은 어떻게 두 사람 모두에게 유리할 수 있는가? 그것은 불가능하다! 각자가 이기고 질 확률이 똑같다고 잘못 생각하기 때문에 파라독스가 생기는 것인가?

이 재미있는 역설은 프랑스 수학자 모리스 크레시크(Maurice Kraitchic)가 지어 낸 것이다. 그가 쓴 『게임의 수학』(1930년)에서는 지갑 대신 넥타이가 나온다.

두 사람이 서로 자기 넥타이가 더 좋다고 우기다가 제3자에게 심판을 맡기기로 했다. 승자는 패자에게 위로의 뜻으로 넥타이를 주기로 했다. 두 사람은 각자 다음과 같이 생각했다. "내 넥타이는 아주 좋은 것인데, 이 내기에서 잃을 수도 있다. 그렇지만 지더라도 더 좋은 넥타이를 얻을 수 있다. 따라서 이 내기는 나한테 유리하다." 어떻게 해서 이 내기는 두 사람 모두에게 유리할 수 있는가?

몇 가지 가정하에 상황을 정확하게 정의만 한다면, 이 게임은 공정하다. 물론 만약 한 사람이 다른 사람보다 늘 적은 돈을(또는 덜 좋은 넥타이를) 가지고 다닌다는 사실이 알려져 있다면, 이 게임은 공정하지 않다. 두 사람이 그러한 정보를 전혀 모르고, 각자 0에서 1만 원 사이의 돈을 가지고 있다고 가정하자. 이 경우에 모리스 크레시크가 책에서 한 것처럼 각자가 얻는 이익을 도표로 작성해보면, 이 게임은 대칭적이며 어느 한 사람에게 유리한 것이 아님을 확인할 수 있다.

그러나 불행하게도 이 설명은 내기를 건 두 사람의 생각에서 어느 부분이 잘못되었는지 밝혀내지 못한다. 다른 방법으로도 그것을 간단하게 밝혀낼 수가 없다. 크레시크도 이 문제에 대해서는 아무런 도움을 주지 못했고, 지금까지 이 게임의 역설을 명쾌하게 파헤친 설명은 나오지 않았다.

중립의 원칙

어느 천문학자 : 화성에는 생명체가 존재할까?

어느 장군 : 핵전쟁은 일어날 것인가?

만약 여러분이 이 질문들에 대하여 그 확률이 각각 반반이라고 생각한다면, 중립의 원리를 무분별하게 적용한 셈이다. 많은 수학자와 과학자, 심지어는 철학자들마저 이 원리를 무분별하게 적용함으로써 터무니없는 주장을 펼쳤다.

경제학자 존 메이너드 케인스(John Maynard Keynes)는 『확률에 관한 논문』에서 '불충분한 이성의 원리'를 '중립의 원리'라고 이름 붙였다. 중립의 원리를 간단하게 설명하자면, 참인지 거짓인지 판단하기 어려운 일에 대해 각각의 경우에 똑같은 확률을 부여하는 것을 말한다.

이 원리는 그 역사가 길고 악명도 높은데, 과학, 윤리학, 통계학, 경제학, 철학, 초감각 지각 연구 등 여러 분야에서 사용되어왔다. 그런데 이 원리는 적절하게 적용하지 않으면, 터무니없는 역설이나 우스꽝스러운 논리적 모순을 낳게 된다. 프랑스 천문학자이자 수학자인 라플라스(Laplace)는 어느 날 이 원리를 사용하여 태양이 다음날 다시 떠오를 확률을 182만 6214 : 1이라고 계산하였다.

그러면 앞의 천문학자와 장군이 제기한 문제에 대하여 중립의 원리를 적용할 때 어떤 모순이 생기는지 알아보자. 화성에서 생명체가 살고 있을 확률은 얼마일까? 중립의 원리를 적용하면 그 답은 1/2이다. 또 화성에서 식물이 살고 있지 않을 확률은 얼마일까? 그것 역시 1/2이다. 또 어떤 단세포 동물도 살고 있지 않을 확률은? 역시 1/2이다. 그러면 화성에서 간단한 식물이나 동물이 살고 있지 않을 확률은? 확률의 법칙에 따라 $1/2 \times 1/2 = 1/4$의 값이 나온다. 그러면 화성에 생명체가 존재할 확률이 $1 - 1/4 = 3/4$으로 올라간다. 이것은 우리가 처음에 계산한 값 1/2과 모순된다.

2020년 이전에 핵전쟁이 일어날 확률은 얼마일까? 중립의 원리를 적용하면 1/2이라고 대답할 수 있다. 그러면 어떤 핵폭탄도 우리 나라에 떨어지지 않을 확률은 얼마일까? 1/2이다. 또 프랑스에 떨어지지 않을 확률은? 1/2. 러시아에 떨어지지 않을 확률은? 1/2. 미국에는? 역시 1/2. 서로 다른 열 나라에 대해서 중립의 원리를 적용시켰을 때, 열 나라 중 어떤 나라에도 핵폭탄이 떨어지지 않을 확률은 $1/2^{10}$, 즉 1/1024이 된다. 그런데 이 값을 1에서 빼주면 열 나라 중 최소한 어느 한 나라에 핵폭탄이 떨어질 확률은 1023/1024으로 올라간다.

위의 예들에서 중립의 원리가 터무니없는 결론을 낳은 데에는 추가적인 가정이 있었기 때문이다. 우리는 서로 관련이 있는 사건들을 서로 독립적이라고 암묵적으로 가정한 것이다. 진화론에 비추어볼 때, 화성에 지능 생명체가 살기 위해서는 그보다 하등한 생명체가 먼저 존재해야만 한다. 또 미국에 핵폭탄이 떨어질 확률은 러시아에 핵폭탄이 떨어질 확률과 무관하지 않다.

미지의 정육면체 역설은 중립의 원리를 무분별하게 사용한 또 하나의 예이다. 어떤 정육면체가 벽장 뒤에 숨겨져 있는데, 한 변의 길이는 2~4 cm라고 한다. 여러분은 한 변의 길이를 3 cm로 보는 것이 적당하다고 생각한다. 그러면 이 정육면체의 부피를 한번 생각해보자. 그것은 $8(=2^3)$에서 $64(=4^3)$ cm³ 사이일 것이다. 여기서도 정육면체의 부피가 36 cm³보다 더 크거나 작다고 생각해야 할 이유가 없으므로, 그 부피는 36 cm³라고 생각한다. 즉 여러분은 훌륭한 사고의 결과로 한 변의 길이는 3 cm이고 부피는 36 cm³인 기묘한 정육면체를 만들어낸 것이다! 다시 말해서, 중립의 원리를 정육면체의 변에 적용시키면 한 변의 길이는 3 cm이고 부피는 27 cm³인 정육면체가 생긴다. 그런데 이번에는 중립의 원리를 부피에 적용시키면, 부피는 36 cm³이고 한 변의 길이는 $\sqrt[3]{36} \fallingdotseq 3.30$ cm인 정육면체가 생긴다.

정육면체 역설은 과학자나 통계학자가 어떤 측정값의 최소값과 최대값 사이에서 그 중간값을 택할 수밖에 없을 때 겪는 고민을 잘 보여준다. 케인스는 자신의 책에서 이러한 종류의 역설이 생기는 사례를 많이 들었다.

중립의 원리는 확률에 적용되지만, 그러려면 그 상황이 대칭적이어서 모든 경우에 똑같은 확률을 가정할 만큼 객관적인 근거를 제공해야 한다. 예를 들면 동전은 그 가운데 선을 따라 완전히 이등분할 수 있기 때문에 기하학적으로 대칭적이다. 또 전체적으로 밀도가 균일하고, 어느 한쪽으로 무게가 쏠리지 않는다는 점에서 물리적으로도 대칭적이다. 공기 중에서 동전에 작용하는 힘(중력, 마찰력, 대기압 등)이 어느 한쪽으로 쏠리는 일 없이 대칭적이다. 이러한 조건이 완전히 충족될 때에야 우리는 동전을 던질 때 양면이 나올 확률이 똑같다고 말할 수 있다. 주사위의 여섯 면이나 룰렛의 구멍 서른여덟 개도 이와 같은 대칭성이 있어야 한다. 이러한 대칭성이 존재하는지 불확실하거나 존재하지 않는 경우에 중립의 원리를 적용하면 터무니없는 결과가 나오게 마련이다.

파스칼의 내기

맹 교수 : 파스칼은 중립의 원리를 기독교 신앙에 적용했다.

파스칼 : 모든 사람은 기독교 교리를 믿을 수도 있고, 거부할 수도 있다. 기독교 교리는 참일 수도 있고 거짓일 수도 있다. 동전을 던지는 것처럼 양쪽의 확률은 똑같다. 그렇지만 각각의 대가는 어떨까?

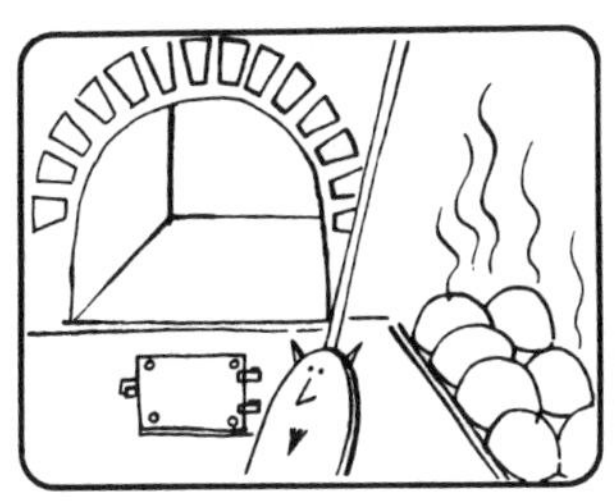

파스칼 : 여러분이 기독교 교리를 거부했다고 하자. 교리가 거짓이라면 여러분은 아무 것도 잃지 않는다. 그러나 교리가 참이라면, 여러분은 지옥에 던져져 영원한 고통을 받게 된다.

파스칼 : 여러분이 교리를 믿는 경우를 생각해보자. 교리가 거짓이라면 여러분은 얻는 것이 아무 것도 없다. 그러나 교리가 참이라면, 여러분은 낙원에서 영원히 행복하게 살 것이다.

파스칼은 이 추론을 통해 기독교를 믿는 것이 이익임을 증명했다고 확신하였다. 그 후로 철학자들은 파스칼의 내기를 놓고 논쟁을 벌여왔다. 여러분은 어떻게 생각하는가?

블레즈 파스칼(Blaise Pascal)은 확률론을 창시한 사람 중 하나이다. 첫 번째 그림에서 파스칼이 손가락으로 가리키는 것은 '파스칼의 삼각형'이라는 유명한 수의 패턴이다. 그가 이 삼각형을 만들어낸 것은 아니지만(그것은 중세 초기로 거슬러 올라간다), 그것을 최초로 완전하게 분석했다. 파스칼의 삼각형은 우아한 조합적 성질을 지니고 있기 때문에 확률에 관한 기초적인 문제를 푸는 데 유용한 도구로 사용된다.

기독교를 믿는 것이 유리하다는 '파스칼의 내기'는 『팡세』 제 233 장에 나온다. 파스칼의 내기는 여러 가지 재미있는 질문을 낳는다. 예를 들면 다음과 같은 것들이 있다.

1. 파스칼의 내기는 중립의 원리를 정당하게 적용한 것인가?

2. 프랑스 철학자 디드로(Diderot)가 제기한 반대 의견에 대해 여러분은 어떻게 생각하는가? 기독교 외에도 이슬람교처럼 교리를 믿으면 구원을 약속하는 종교가 많이 있다. 파스칼의 내기는 이 모두에 적용할 수 있을까? 그렇다면 우리는 모든 종교를 다 믿어야 하는가?

3. 파스칼의 내기를 다소 완화시킨 윌리엄 제임스(William James)의 의견에 대해서는 어떻게 생각하는가? 윌리엄 제임스는 '믿음의 의지'라는 수필

에서, 신을 믿느냐 마느냐 하는 결정은(그는 내세나 특정 교파에 개의치 않았다) 신의 존재를 증명할 수 있는 방법이 전혀 없기 때문에 진짜로 도박이며, 따라서 각자는 자신의 인생에 행복을 가져다주는 쪽으로 결정해야 한다고 주장했다.

4. 웰스(H. G. Wells)의 주장에 대해서는 어떻게 생각하는가? 우리는 인류가 핵전쟁의 위기를 넘기고 살아남을지 그렇지 않을지 알 수 없다. 그렇지만 우리는 인류가 살아남는다고 확신하고 살아가야 한다. 왜냐하면 "설사 결국 그 낙관적인 생각이 잘못된 것으로 판명되더라도, 최소한 그 동안은 희망을 품고 즐겁게 살아갈 수 있으니까."

6 장
시간의 파라독스

시 간 의 파 라 독 스

가장 작은 아원자 입자에서 거대한 은하에 이르기까지 우주는 시간의 '흐름' 속에서 끊임없이 계속 변하고 있다('흐름'을 작은 따옴표로 묶은 것은 실제로 흐르는 것은 우주 자체이기 때문이다. 시간이 흐른다고 말하는 것은 길이가 뻗어 있다고 말하는 것처럼 무의미한 것이다).

시간이 없는 세계란 상상할 수 없다. 0초 동안 존재하는 사물이란 전혀 존재하지 않는 것과 같다. 혹은 존재하는 것일까? 어떻든 우주의 흐름은 일정하여 우리는 사물을 측정할 수 있고, 그 측정으로부터 수와 방정식이 나온다. 순수 수학은 시간과 관계가 없는 것이라고 생각할지 모르나, 대수학에서부터 미분학과 그 너머의 다른 분야에 이르기까지 수학의 많은 분야는 시간을 하나의 기본 변수로 삼는 문제들을 다룬다.

이 장에서는 시간과 운동에 관한 다양한 역설을 소개한다. 그 중에는 '제논의 역설'처럼 고대 그리스 시대부터 열띤 논쟁의 대상이 된 것도 있고, 상대성이론의 '시간 지연'이라든가 시간을 미분해가는 '초대형 과제'를 수행하는 무한 기계처럼 현대에 만들어진 것도 있다. 이것들은 모두 역설과 수학에 관한 여러분의 호기심을 충족시켜줄 것이다. 여기서 여러분은 역설이 어떻게 진지한 수학과 과학의 디딤돌 역할을 할 수 있는지 보게 될 것이다.

자전거 바퀴 역설은 사이클로이드 곡선에 관한 것인데, 이것은 원추곡선보다 좀더 복잡한 곡선들을 알아보는 디딤돌 역할을 해줄 것이다.

'스키어의 낭패'라는 역설은 간단한 대수학을 사용해 예상 밖의 결과를 증명함으로써 대수학의 위력을 보여준다.

제논의 역설, 늘어나는 고무줄 위를 달리는 굼벵이, 초대형 과제, 주인을 좇는 개는 모두 미분과 고등수학을 이해하는 데 필수적으로 알아야 하는 개념인 극한값을 다룬다. 이 역설들을 해결하는 데에는 3장에서 소개한 게오르크 칸토어의 무한집합 이론이 사용된다.

고무줄 위를 달리는 굼벵이 역설은 조화급수라는 유명한 급수를 이용해 푼다. 시간 역전, 타키온, 시간 여행에 관한 역설에서는 상대성 이론을 이해하는 데 필수적인 기본 개념들을 소개한다.

시간 여행의 역설을 피하기 위해 사건들이 끊임없이 가지를 쳐나간다는 가정과 평행 우주 가설이 나왔다. 이것들은 '다원 우주 해석'이라는 양자역학의 기묘한 접근 방법을 이해하게 도와줄 것이다.

결정론과 비결정론 사이의 논쟁을 다룬 맨 마지막 역설은 영원히 풀리지 않고 계속 제기되는 철학적 문제를 잠깐 살펴볼 수 있는 기회를 제공한다.

캐럴의 미친 시계

맹 교수 : 다음 중 어느 시계가 더 정확한 시계일까? 하나는 하루에 1분씩 늦어지고, 또 하나는 전혀 가지 않는 시계이다.

루이스 캐럴은 다음과 같이 주장하였다.

루이스 캐럴 : 하루에 1분씩 늦어지는 시계는 2년마다 한 번씩 정확한 시각을 가리킨다. 그렇지만 멈춰 있는 시계는 하루에 두 번은 정확한 시각을 가리킨다. 따라서 멈춰 있는 시계가 더 정확하다.

그렇지만 앨리스는 궁금한 질문이 떠올랐다.

앨리스 : 멈춰 있는 저 시계가 8시에는 정확하게 그 시각을 나타낸다는 것은 알겠어요. 그렇지만 그때가 8시라는 것은 어떻게 알죠?

루이스 캐럴 : 그것은 아주 간단하단다. 멈춰 있는 시계 옆에 권총을 들고 서 있거라.

루이스 캐럴 : 시계를 계속 응시하고 있다가 시계가 정확하게 8시가 되는 순간에 총을 쏘아라. 그 총소리를 들은 사람들은 모두 그때가 8시인 줄 알 것이다.

『이상한 나라의 앨리스』의 작가로 유명한 루이스 캐럴(Lewis Carroll)은 옥스퍼드대학의 수학 교수 찰스 도지슨(Charles Dodgson)의 필명이다. 두 시계에 관한 이 이야기는 『루이스 캐럴 전집』과 캐럴의 작품을 모아놓은 여러 책에 실려 있다.

하루에 1분씩 늦어지는 시계는 정말로 2년에 단 한 번만 정확한 시각을 가리킬까? 그것은 쉽게 증명할 수 있다. 12시간이 지나면 다시 정확한 시간을 가리키는데, 하루에 1분씩 늦어져서 12시간이 늦어지려면 720일이 걸린다.

서로 다른 속도로 도는 바퀴

루이스 캐럴이 만들어낸 시계 역설은 넌센스 농담에 지나지 않지만, 이번 역설은 그렇지 않다. 자전거 바퀴는 윗부분이 아랫부분보다 더 빠른 속도로 돈다는 사실을 알고 있는지?

맹 교수 : 그렇기 때문에 자전거 바퀴가 굴러갈 때, 바퀴의 윗부분의 살이 더 흐릿하게 보인다.

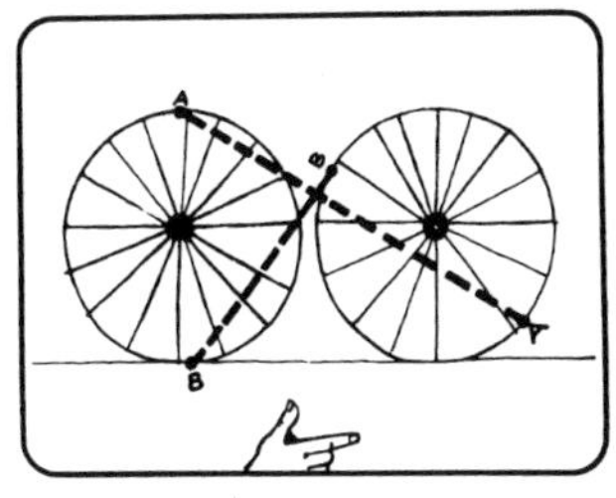

맹 교수 : 바퀴 위의 두 점이 이동하는 것을 살펴보자. 꼭대기 근처에 있는 점 A는 지면 근처에 있는 점 B보다 훨씬 많은 거리를 이동한다. 속도는 이동한 거리를 걸린 시간으로 나눈 것이므로, 점 A의 이동 속도는 점 B의 이동 속도보다 더 빠르다.

구르는 바퀴의 윗부분과 아랫부분의 속도를 비교할 때, 그 속도란 물론 지면에 대한 속도를 의미한다. 이 역설을 가장 잘 설명하는 방법 중 하나는 사이클로이드(cycloid : 파선)라는 곡선을 이용하는 것이다. 사이클로이드란 바퀴가 직선을 따라 굴러갈 때 바퀴 가장자리에 있는 한 점이 그리는 궤적을 말한다.

그 점이 땅에 닿아 있을 때, 그 속도는 0이다. 바퀴가 굴러가기 시작하면, 땅에 닿아 있던 점의 속도는 점점 증가하여 가장 윗부분에 도달했을 때 가장 커진다. 그 다음에는 다시 속도가 감소하여 그 점이 다시 지면에 닿으면 속도가 0이 된다. 기차 바퀴처럼 바퀴의 가장 바깥 부분이 레일보다 아래에 있는 경우, 바퀴 위의 점이 레일보다 아래쪽으로 내려갈 때에는 속도가 마이너스(−)가 된다(즉 앞으로 나아가지 않고 뒤로 후퇴한다).

사이클로이드는 수학적, 역학적으로 재미있는 성질이 많은데, 내가 쓴 『사이언티픽 아메리칸 수학 게임 제6권』 13장 '사이클로이드 : 기하학의 헬렌'에서 자세히 다루고 있다. 거기에는 커피 캔을 굴려 사이클로이드를 그리는 방법이 소개되어 있다. 이 곡선을 작도해보고, 그 방정식을 살펴보면 사이클로이드의 우아함과 특이한 성질을 이해하는 데 큰 도움이 된다.

자동차 시대 이전에 4륜 마차와 짐수레가 달리던 시절, 움직이는 바퀴에서 윗부분의 살이 흐릿하게 보이는 현상은 일상적으로 알려져 있었다. 화가들은 바퀴 아랫부분의 살을 더 선명하게 그림으로써 마차의 속도가 매우 빠르다는 느낌이 들게 하였다.

스키어의 고민

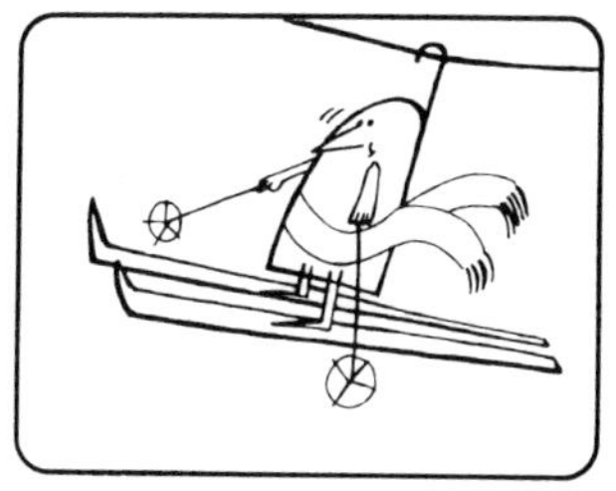

막달려 : 스키 타기에는 정말 좋은 날씨야! 그렇지만 리프트의 속도가 너무 느린 게 탈이란 말이야. 고작 시속 5km로 달리니까.
만약 막달려가 언덕을 올라갔다 내려오는 전체 평균 속도를 시속 10km로 하고 싶다면, 내려올 때에는 얼마의 속도로 달려야 할까?

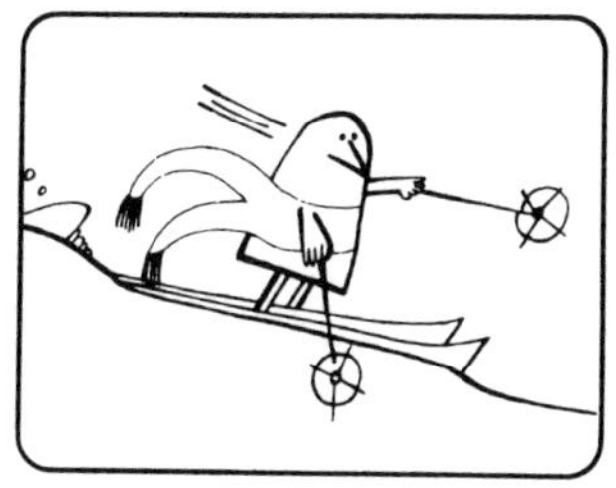

시속 15km? 아니면 60? 100? 믿기 어려울지 모르겠지만, 평균 속도를 시속 10km로 하려면, 순식간에(즉 무한대의 속도로) 내려오는 수밖에 없다.

많은 사람들은 언덕을 오르내리는 전체 거리가 큰 관계가 있을 것이라고 생각하지만, 실제로는 이 문제를 푸는 데 아무 상관이 없다. 전체 평균 속도를 두 배로 하고 싶다면, 내려올 때에는 시간이 하나도 걸리지 않아야 한다. 이것은 사실상 불가능하기 때문에, 스키어는 평균 속도를 시속 10km로 올릴 수 없다.

기초적인 대수학으로 이를 증명해 보자. 언덕의 위아래 사이의 거리를 x라 하고, 리프트로 올라가는 데 걸린 시간을 y(시간), 그 속도를 z(km/h)라 하자. 그러면 다음 식이 성립한다.

$$x = yz$$

그리고 전체 평균 속도를 두 배로 하기 위해 스키어가 내려올 때 걸리는 시간을 k라 하자. 전체 평균 속도는 올라간 속도(z)의 두 배이므로 $2z$이다. 또

그것은 2x의 거리를 ($y+k$)시간으로 나눈 값과 같다. 따라서,

$$\frac{2x}{y+k} = 2z$$

x 대신에 yz를 대입하면,

$$\frac{2yz}{y+k} = 2z$$

$$\therefore\ y = y + k$$

$$\therefore\ k = 0$$

이 식이 보여주는 바와 같이 거리나 리프트의 속도는 아무 상관이 없다. 평균 속도를 두 배로 하기 위해서는 내려오는 데 시간이 전혀 걸려서는 안 된다. 즉 무한대의 속도로 달려야 한다.

제논의 역설

맹 교수 : 그리스인은 시간과 운동에 관한 역설을 많이 만들어냈다. 가장 유명한 것 중 하나는 제논이 만들어낸 역설이다.

올림픽스 : 결승점에 도달하기 전에 나는 그 절반 지점이 되는 선을 통과해야 한다. 그 다음에는 나머지 절반 코스의 절반 지점을 또 통과해야 한다. 그러면 전체의 3/4을 통과한 셈이다.

올림픽스 : 그런데 나머지 1/4의 코스를 가려면 또 그 절반이 되는 지점을 통과해야 하고, 이런 식으로 계속 나머지 거리의 절반이 되는 지점을 통과해야 한다. 그렇지만 절반이 되는 지점은 무한히 계속되므로, 나는 결국 결승점에 도달하지 못할 것이다.

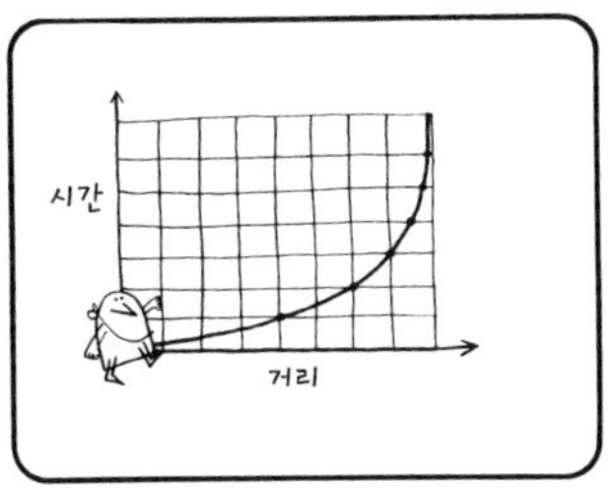

맹 교수 : 경주자가 각각의 절반이 되는 지점을 통과하는 데 똑같이 1분씩 걸린다고 가정해보자. 그렇게 가정해서 그린 시간-거리 그래프는 올림픽스가 결승점에 무한히 가까이 다가가기는 하지만, 결코 도달할 수 없음을 보여준다. 이 설명은 옳을까?

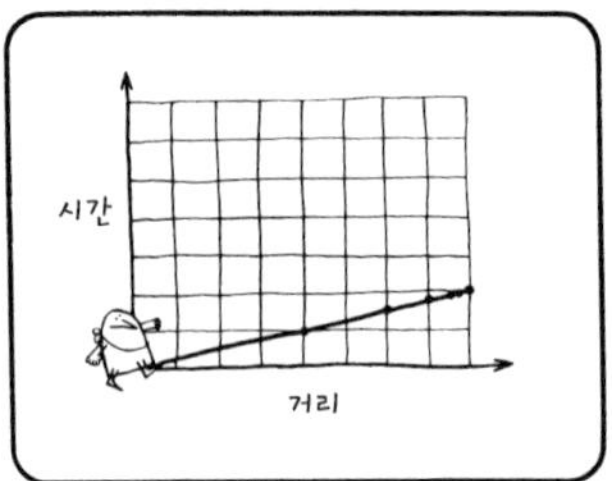

맹 교수 : 아니다. 왜냐하면 각각의 절반이 되는 지점을 통과하는 데 다 1분이 걸리는 것은 아니기 때문이다. 각각의 지점을 통과하는 데에는 그 전의 지점을 통과하는 데 걸린 시간의 절반밖에 들지 않는다. 따라서 올림픽스는 무한히 많은 절반 지점을 통과하더라도 2분 만에 결승점에 도달한다.

제논은 또 다른 역설에서 발이 빠른 아킬레스를 등장시켰다. 아킬레스는 1 km 앞에 있는 거북을 잡으려고 한다.

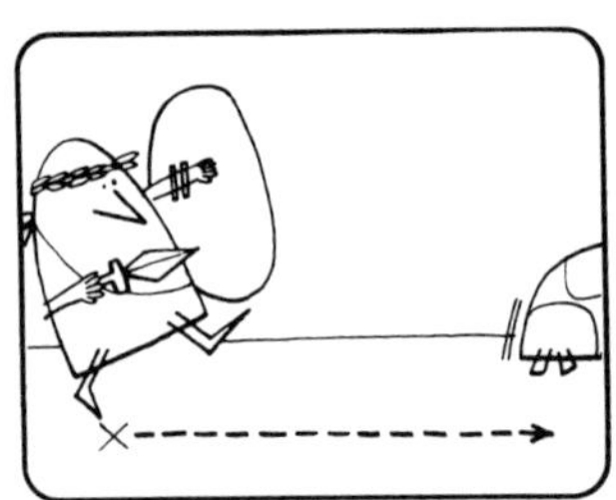

그런데 아킬레스가 거북이 있던 지점까지 가는 동안 거북은 10 m를 나아간다.

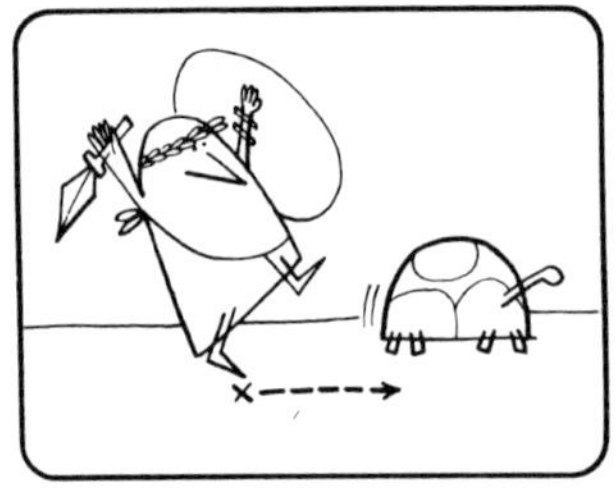

다시 거북이 있던 지점에 아킬레스가 도달했을 때, 거북은 또 앞으로 조금 나아가서 그 자리에 없다.

거북 : 아무리 발이 빠른 아킬레스라도 결코 나를 붙잡을 수 없다. 내가 있던 지점에 아킬레스가 도착할 무렵에는 나는 이미 그곳에 없다. 비록 그것이 머리카락보다 더 짧은 거리라 할지라도 나는 항상 조금 더 앞에 가 있을 것이다.

맹 교수 : 물론 제논은 아킬레스가 거북을 잡을 수 있다는 사실을 알고 있었다. 다만 제논은 시간과 공간을 마치 실에 꿴 구슬들처럼 개개의 점들이 무한히 연속돼 있는 것으로 취급할 때 역설이 생겨난다는 것을 보여주려고 한 것이다.

이 두 가지 역설에서 경주자는 직선 위를 일정한 속도로 움직여가는 점과 같다고 생각할 수 있다. 제논은 B를 향해 움직여가는 점 A는 결국 그곳에 도착한다는 사실을 잘 알고 있었다. 제논의 역설은, 직선을 서로 옆에 나란히 붙어 있는 개개의 점들로 분해하고, 시간을 연속적인 개개의 순간들로 분해하여 운동을 설명하려고 하면 이와 같은 어려움에 부닥친다는 것을 보여주기 위해 만들어졌다.

각각의 절반 지점을 통과하는 데에는 그 전에 걸린 시간의 절반밖에 걸리지 않는다는 사실로 경주자가 결국 결승점에 도착한다는 논리를 펴더라도 제논은 승복하지 않았을 것이다. 그렇더라도 중간 지점은 항상 존재하며, 거기에 도달하는 어떤 순간들이 항상 존재해야 한다고 그는 응수할 것이다. 거리에 대한 제논의 주장은 시간에도 적용할 수 있다. 걸린 시간이 2분에 점점 가까이 다가가더라도, 항상 더 가야 할 무한의 순간이 남아 있다. 아킬레스와 거북의 역설에도 똑같은 논리를 적용할 수 있다. 끝없이 계속되는 무한한 추격 단계 뒤에도 더 달려야 할 다음의 시간과 공간 단계가 무한히 남아 있다.

많은 과학 철학자들은 버트런드 러셀이 『외부 세계에 관한 우리의 지식』이란 책에서 제논의 역설에 관해 논의한 내용에 동의한다. 러셀은 제논의 역설은 19세기에 수학자 게오르크 칸토어가 무한집합 이론을 개발하면서 진정으로 해결되었다고 말했다.

칸토어의 이론은 공간상에 존재하는 점들이나 시간상의 사건들로 이루어진 무한집합을 단순히 개개의 점이나 사건의 집합으로서가 아니라 완전한 전체로 다룰 수 있게 해주었다. 제논의 역설은 공간이나 시간의 일부분을 서로 별개인 무한한 원소로 이루어져 있다고 보는 것은 잘못이라는 개념이 바탕에 깔려 있다. 제논의 역설을 해결하기 위해서는 칸토어가 만든 것과 같은 이론, 즉 개개의 점과 사건에 대한 우리의 직관적인 개념과 무한집합에 관한 체계적인 이론을 결합한 것이 필요하다.

달려라, 굼벵이!

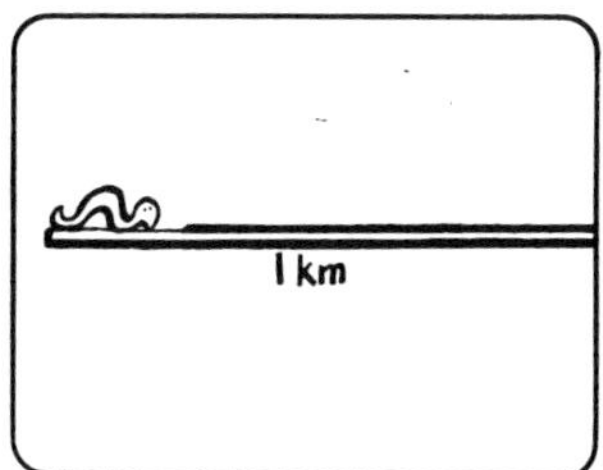

맹 교수 : 제논이 생각지 못했던 새로운 역설을 하나 소개한다. 굼벵이 한 마리가 1 km 길이의 고무줄 위를 기어가고 있다.

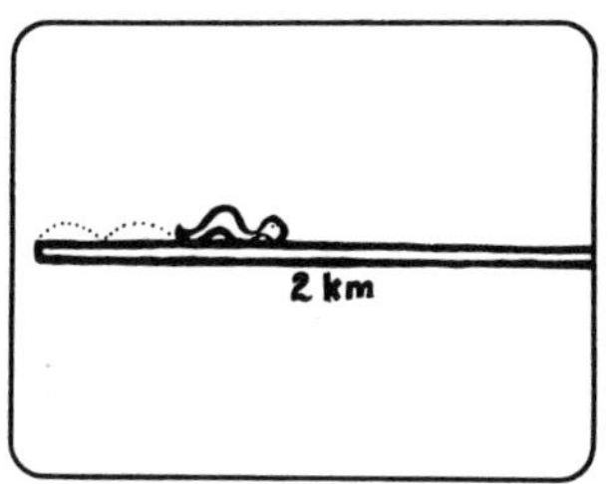

맹 교수 : 굼벵이는 초속 1 cm의 속도로 기어간다. 그런데 1초가 지날 때마다 고무줄은 1 km가 늘어난다. 따라서 2초가 지난 뒤에는 고무줄이 2 km 더 늘어나 3 km가 된다. 그러면 굼벵이는 고무줄의 반대편 끝에 도달할 수 있을까?

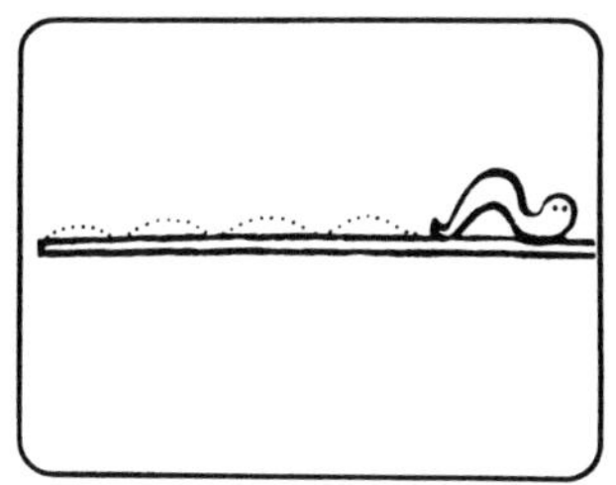

직관적으로 생각하면, 굼벵이는 결코 고무줄 끝에 도달할 것 같지 않다. 그러나 굼벵이는 고무줄 끝에 도달할 수 있다. 그렇다면 굼벵이가 고무줄 끝에 도달하는 데에는 얼마만한 시간이 걸릴까?

이 문제의 열쇠는 고무줄 전체가 균일하게 늘어난다는 사실에 있다. 즉 고무줄이 늘어나는 것과 함께 굼벵이가 나아가는 거리도 함께 늘어난다.

이 문제를 푸는 한 가지 방법은 매초가 지날 때마다 굼벵이가 나아간 거리를 전체 고무줄 길이에 대한 비율로 나타내는 것이다.

1 km는 10만cm이다. 따라서 1초가 지났을 때 굼벵이는 전체 고무줄 길이의 1/100000을 나아간다. 두 번째 1초가 지나는 동안에는 전체 길이(2 km)의 1/200000을 나아가고, 세 번째 1초가 지나는 동안에는 전체 길이(3 km)의 1/300000을 나아간다. k초 뒤에 고무줄 전체 길이에 대해 굼벵이가 나아간 거리는 다음 식으로 나타낼 수 있다.

$$\frac{1}{100000}\left(\frac{1}{1} + \frac{1}{2} + \frac{1}{3} + \frac{1}{4} + \cdots + \frac{1}{k}\right)$$

괄호 안의 수열은 조화급수이다. 셋째 항과 넷째 항, 즉 1/3과 1/4의 합이 2×1/4=1/2보다 크다는 데 주목하라. 마찬가지로, 1/5부터 1/8까지의 합은 4×1/8=1/2보다 크다. 따라서 k항까지의 이 급수의 합은 항상 k×1/2=k/2보다 크다. 이처럼 조화급수의 부분적인 합은 원하는 만큼 크게 할 수가 있다.

그 합이 10만을 넘어서면 위의 식의 값은 1이 넘는다. 즉 굼벵이가 고무줄의 반대편 끝에 도달한다. 굼벵이는 2^{200000}초가 지나기 전에 고무줄의 반대편 끝에 도착한다. 좀더 정확한 값은 e^{100000}초이다. 여기서 e는 물론 자연로그의 밑(2.7보다 약간 큰 무리수)이다. 이것으로 걸리는 시간을 초로, 고무줄의 길이를 킬로미터로 나타낼 수 있다.

고무줄의 최종 길이는 알려진 우주의 지름보다 훨씬 길며, 걸리는 시간은 우주가 탄생해서 지금까지 흐른 시간과 비슷하다. 따라서 이 역설에 등장하는 고무줄과 고무줄 위의 점으로 표시되는 굼벵이는 이상적인 것이다. 진짜 굼벵이라면 여행을 시작하자마자 얼마 안 되어서 죽어버릴 것이고, 진짜 고무줄이라면 아주 가늘게 무한의 길이로 늘어나 그 분자 사이가 엄청난 간격으로 떨어질 것이다.

굼벵이의 속도가 얼마이든, 고무줄의 최초의 길이와 단위 시간당 늘어나는 길이가 얼마든지 간에 굼벵이는 결국 유한한 시간에 고무줄의 반대쪽 끝에 도달한다. 그렇지만 고무줄이 늘어나는 방식을 변경시키면 재미있는 문제들을 만들 수 있다. 예를 들어 고무줄의 길이가 매초마다 두 배씩 기하급수적으로 늘어나면 어떻게 될까? 이 경우에는 굼벵이는 반대쪽 끝에 결코 도달할 수 없다.

초대형 과제

맹 교수 : 철학자들은 '초대형 과제'라는 새로운 종류의 시간의 역설을 놓고 논쟁을 벌이고 있다. 그 중에서 가장 간단한 형태는 스위치가 켜졌다 꺼졌다 하는 램프이다.

이 램프는 1분 동안 켜져 있다가 1/2분 동안은 꺼지고, 다시 그 다음 1/4분 동안은 켜지고… 하는 식으로 계속 깜박인다. 이 일련의 과정은 2분 만에 끝난다. 그러면 이 시간이 지났을 때, 램프는 켜져 있을까, 꺼져 있을까?

홀수 번째마다 램프에는 불이 켜진다. 또 짝수 번째에는 불이 꺼진다. 만약 최후에 램프가 켜져 있다면 그 마지막 수는 홀수이다. 그렇지 않고 꺼져 있다면 그 마지막 수는 짝수이다. 그렇지만 셀 수 있는 마지막 수는 없다. 램프는 켜져 있거나 꺼져 있어야 하지만, 어느 쪽인지 알 수 있는 방법이 없다!

과학 철학자들 사이에는 초대형 과제('무한 기계'가 수행하는 과제)가 포함된 역설을 명쾌하게 해결하는 방법에 대해 아직 의견이 일치하지 않고 있다. 이 램프의 역설은 창안자인 제임스 톰슨(James F. Thomson)의 이름을 따 톰슨의 역설로 알려져 있다. 모든 사람은 이러한 램프를 실제로 만드는 것이 불가능하다는 데 동의하지만, 그것은 이 문제의 핵심이 아니다. 문제의 핵심은 어떤 가정을 전제로 할 때 이러한 램프가 논리적으로 과연 가능하느냐 하는 것이다. 어떤 사람들은 이 램프를 의미 있는 '사고 훈련'이라고 주장한다. 그렇지만 어떤 사람들은 터무니없는 것이라고 일축한다.

이 역설이 사람들을 당혹스럽게 만드는 이유는, 제논의 경주자와 마찬가지로 램프가 무한히 명멸을 계속할 수 있다는 데 있다. 제논의 경주자가 무한대의 절반 지점을 지나 2분 만에 그것을 통과할 수 있다면, 이 램프도 무한 번의 깜박임 끝에 2분 만에 그 과정을 끝낼 수 있을 것이다. 그런데 램프가 이 과정을 끝낼 수 있다면, 셀 수 있는 '마지막' 수가 있다는 증명이 되는데, 그것은 모순이다.

철학자 막스 블랙(Max Black)은 구슬을 양쪽의 홈 사이로 옮기는 무한 기계의 형태로 똑같은 역설을 제기했다. 이 기계는 A 홈에 있는 구슬을 B 홈에 옮기는 데 1분이 걸리고, 다시 B 홈에서 A 홈으로 옮기는 데 1/2분이 걸린다. 그 다음에 다시 B 홈으로 옮기는 데에는 1/4분이 걸리고, 그런 식으로 계속 옮기는 과정이 반복된다. 이것은 톰슨의 램프와 똑같은 형태의 무한급수로 표현된다. 이 급수는 수렴하며, 그 극한값은 정확하게 2분이다. 즉 2분 후에는 그 과정이 끝난다. 그때 구슬은 어디에 있을까? 양쪽의 어느 홈 위에 있다면, 마지막 수는 짝수이거나 홀수여야 한다. 그러나 마지막 수가 존재하지 않으므로, 이 두 가지 가능성은 모두 배제된다. 그러나 구슬이 어느 쪽 홈 위에도 없다면, 그것은 도대체 어디에 있을까?

개가 달린 거리는?

맹 교수 : 이번에는 발바리라는 개가 초대형 과제를 수행한다. 맨 처음에 발바리는 주인 돌돌이와 함께 있었다. 거기서 1 km 떨어진 지점에는 달순이가 있다.

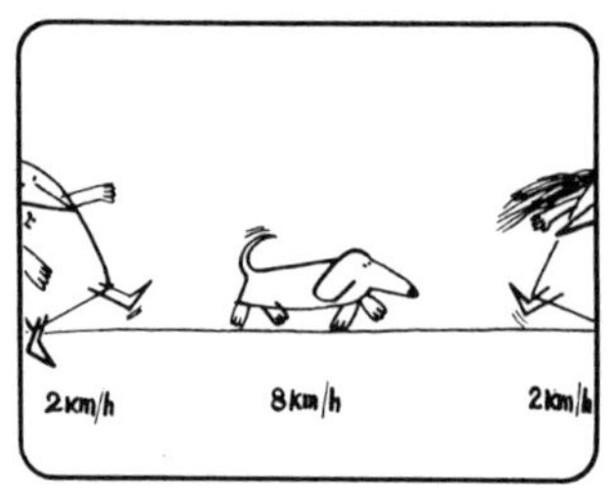

돌돌이와 달순이는 서로를 향해 각자 2 km/h의 속도로 걸어간다. 그런데 주인인 돌돌이만큼이나 안주인인 달순이를 좋아하는 발바리는 8 km/h의 속도로 양자 사이를 왔다갔다한다.

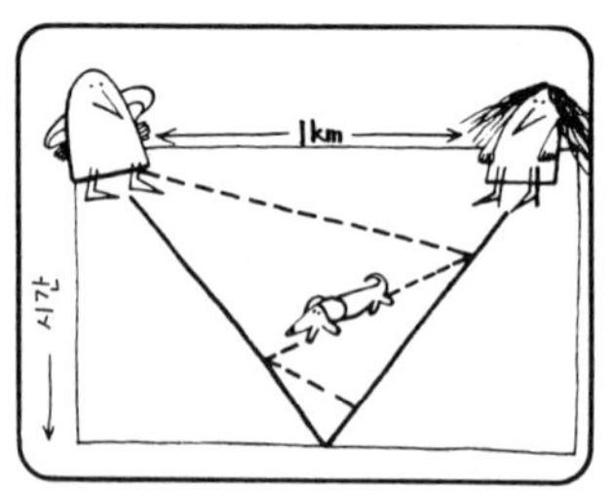

발바리가 달려간 길은 왼쪽의 시간-거리 그래프로 나타내면 쉽게 알 수 있다. 그런데 돌돌이와 달순이가 중간 지점에서 서로 만났을 때, 발바리는 동쪽을 향하고 있을까, 서쪽을 향하고 있을까?

이 물음에 답하기는 불가능하다. 그렇지만 발바리가 달린 거리를 계산하는 돌돌이는 도와줄 수 있을 것 같다.
돌돌이 : 아이고, 골치 아파! 발바리가 달린 지그재그의 복잡한 경로들을 다 더해야겠군.

달순이 : 그럴 필요 없어요. 우리는 2km/h로 걸었으니 1/2km를 걷는 데에는 15분이 걸렸죠. 발바리는 우리가 만날 때까지 15분간 8km/h로 달렸으니까, 달린 거리는 2km예요.

맹 교수 : 이번에는 돌돌이와 달순이가 만난 지점에서 헤어져 원래 있던 장소로 똑같은 속도로 되돌아간다. 그리고 발바리도 전과 같은 속도로 양자 사이를 계속 왔다갔다한다. 그리고 돌돌이와 달순이가 원래 있던 지점에 도착했을 때, 발바리는 어디에 있을까?

믿어지지 않을지 모르지만, 개는 돌돌이와 달순이 사이의 어디에든지 있을 수 있다. 믿어지지 않거든, 발바리를 양자 사이의 어떤 지점에든지 놓고 처음에 했던 것과 똑같은 과정을 반복해보라. 그러면 셋은 결국에는 한가운데에서 만난다.

발바리가 돌돌이와 달순이 사이를 오가며 한가운데에서 만나는 첫 번째 문제는 여러 형태의 이야기가 전해지는 고전적인 문제이다. 양쪽에서 다가오는 두 열차 사이에서 새가 오가며 날아다니는 이야기도 있고, 양쪽에서 다가오는 두 자전거 사이에서 파리가 날아다니는 이야기도 있다.

대부분의 사람들은(심지어는 수학자들까지도) 발바리가 달린 거리를 쉽게 구하는 방법을 깨닫지 못한다. 헝가리 출신의 미국 수학자 존 폰 노이만(John Von Neumann)에게 어떤 사람이 이 역설을 변형시킨 문제를 냈다고 한다. 폰 노이만은 잠시 생각하더니 곧 정답을 말했다. 문제를 낸 사람은 감탄하면서 말했다. "대부분의 사람들은 개가 달린 부분 거리들을 모두 더해 무한급수의 합을 구하는 복잡한 방법으로 푸느라고 애를 먹지요." 그러자 폰 노이만은 깜짝 놀라며 말했다. "나도 그 방법으로 풀었는데요!"

돌돌이와 달순이가 만났을 때, 발바리는 동쪽을 향해 있을까, 서쪽을 향해 있을까? 이 물음은 앞에서 살펴본, 톰슨의 램프가 켜져 있을 것인가 꺼져 있을 것인가 하는 문제와, 구슬이 A 홈에 멈춰설 것인가 B 홈에 멈춰설 것인가 하는 문제와 유사하다. 얼핏 생각하기에는 발바리는 돌돌이를 향하고 있든지 달순이를 향하고 있어야 할 것 같다. 그러나 각각의 경우에 대한 답은 지그재그의 무한수열에 적용할 때, 마지막 항수는 짝수가 될 수도 있고 홀수가 될 수도 있음을 시사한다.

그런데 돌돌이와 달순이와 발바리가 한가운데에서 만난 시점에서 시간을 거꾸로 돌리면 또 다른 역설이 나타난다. 돌돌이와 달순이는 거기서 각자 원래 있던 곳으로 되돌아가기 시작하고, 발바리는 양자 사이를 왔다갔다한다면, 결국에는 발바리가 출발점에 와 있어야 할 것처럼 생각된다. 운동을 완전히 똑같은 속도로 거꾸로 되돌리면, 출발점에 도착하는 것으로 끝나는 게 상식이기 때문이다. 그러나 기묘하게도, 이 경우에 시간을 역전시키면 그 과정이 더 이상 명확하게 정의되지 않는다.

시간이 정상적으로 앞으로 흐를 때에는 발바리는 맨 마지막에 정확하게 한가운데에 온다. 그러나 시간을 거꾸로 돌릴 경우에는 발바리의 최종 위치는 결정할 수 없다. 발바리는 두 사람 사이의 어느 지점에라도 위치할 수 있다.

이 문제와 앞에서 다룬 '초대형 과제'와 경주자에 관한 역설들은 극한값 개념을 이해하고 기하급수의 합을 응용하는 것을 보여주는 좋은 예들이다.

발바리가 지그재그로 달린 경로는 계속 통통 튀는 공의 경로와 비슷하다. 이상적인 공을 1 m 높이에서 땅으로 떨어뜨렸다고 가정하자. 이 공은 항상 앞서 높이의 절반만큼만 튀어오른다. 한 번 튀어오를 때마다 1초가 걸린다면, 공은 무한히 계속 튈 것이다. 그러나 제논의 경주자나 톰슨의 램프, 구슬 기계, 발바리의 경우처럼 공이 한 번 튀는 시간은 그 앞에 튄 시간보다 작다. 그래서 비록 공은 무한 번 튀어오를 수 있지만(이론상으로는), 결국 유한한 시간이 지난 뒤에 공은 멈춘다. 공이 이동한 총거리는 2m이다.

$$1 + \frac{1}{2} + \frac{1}{4} + \cdots \frac{1}{n} = 2(m)$$

만약 이 공이 앞서 높이의 1/3만큼만 튀어오른다면, 이 공이 멈출 때까지 공이 이동한 총거리는 얼마일까?

시간이 거꾸로 흐를 수 있을까?

맹 교수 : 어떤 움직임이 거꾸로 일어날 때, 예를 들어 사람이나 자동차가 뒤로 간다면, 그것은 마치 시간이 거꾸로 흐르는 것처럼 보일 것이다.

이 멋진 음악도……

……음반을 거꾸로 돌리면 기묘한 소리로 들린다.

살아가면서 겪는 대부분의 사건들은 거꾸로 되돌리는 것이 불가능하다.

시간은 항상 같은 방향으로 날아가는 화살과 같다. 음반을 거꾸로 돌리더라도, 그 곡조는 우리의 정상적인 시간 속에서 나아간다.

맹 교수 : 우리는 미래는 볼 수 없지만, 과거는 볼 수 있다. 우리가 수백만 광년 떨어진 별을 바라볼 때, 실제로는 수백만 년 전의 그 별을 보고 있는 것이다.

과거를 보는 것은 과거로 되돌아가는 것은 전혀 다른 것이다. 타임머신을 타고 과거나 미래로 시간 여행을 하는 것이 실제로 가능할까?

어떤 사건은 운동의 방향을 거꾸로 되돌릴 수 있다는 점에서 시간 역전이 가능하지만, 그것이 불가능한 사건도 있다. 그것을 분명히 구별할 수 있는 방법은 어떤 사건을 영사기로 찍은 다음, 거꾸로 돌린다고 가정하자. 화면에 나타나는 모습이 자연의 법칙을 거스르는 것처럼 보이는 사건은 어떤 것이고, 그렇지 않은 것처럼 보이는 사건은 어떤 것인가?

예를 들면, 화면에서 뒤로 가는 자동차는 불가능한 것으로 보이지 않는다. 운전자가 실제로 차를 후진시킬 수도 있기 때문이다. 그러나 물 속에서 발부터 쑥 나와서 다이빙대 위로 날아올라가 서는 다이빙 선수나 깨진 계란이 다시 모여 껍질을 붙인 다음, 휙 날아올라 손 안으로 들어가는 것과 같은 장면은 즉시 필름이 거꾸로 돌아갔다는 것을 알려준다. 그러한 사건들은 실제 세계에서는 일어날 수 없다.

음반을 거꾸로 돌리는 것처럼 운동 방향을 거꾸로 되돌림으로써 시간을 역전시킨다 해도, 그 사건은 여전히 정상적인 시간 속에서 앞으로 나아간다. 가령 화살은 화살촉이 가리키는 방향으로 날아간다. 가령 화살이 공중에서 뒤로 날아가 궁수가 들고 있는 활로 다가가는 광경을 목격한다고 치자. 그 화살은 공중에 떠 있는 시간보다 더 나중에 활에 도착할 것이다. 우리가 살고 있는 우주에서 사건은 언제나 과거에서 미래를 향해 흐르지, 결코 그 반대 방향으로는 흐르지 않는다.

최근에 물리학자와 우주론자는 다른 우주에서 사건이 '다른 방향'으로 흐를 가능성에 대해 검토하고 있다. 또 노벨상 수상자인 리처드 파인먼(Richard Feynman)은 반입자를 잠깐 동안 시간을 거슬러 움직이는 입자로 생각할 수 있다는 양자역학적 해석을 내놓았다. 이러한 환상적인 개념들은 내가 쓴 『양손잡이 우주』에서 마지막 네 장에 자세히 소개되어 있다.

타임머신

맹 교수 : 기발한 교수는 30년 전의 과거 세계로 시간 여행을 떠났다. 거기서 그는 어릴 때의 자신을 만났다.

기발한 교수 : 만약 내가 이 아이를 죽인다고 가정해보자. 그러면 자라서 기발한 교수가 될 사람은 더 이상 존재하지 않는다. 그렇다면 그 순간에 나 자신도 사라질까?

맹 교수 : 이번에는 기발한 교수가 30년 후의 미래 세계로 시간 여행을 떠났다. 거기서 그는 자기 연구실 바깥에 있는 떡갈나무에 자기 이름을 새겨놓았다.

맹 교수 : 그런 다음, 기발한 교수는 자신이 살던 현실 세계로 돌아왔다. 수년이 지난 후, 그는 그 떡갈나무를 베어버리기로 했다. 작업이 끝난 뒤, 그는 고민에 빠졌다.

기발한 교수 : 음…… 3년 전에 나는 30년 후의 미래 세계로 가서 이 떡갈나무에 내 이름을 새겨놓았다……. 그렇다면 내가 과거에서 미래에 도착한 27년 후에는 어떤 일이 일어나지? 떡갈나무는 이제 존재하지 않는다. 그렇다면 내가 이름을 새긴 그 떡갈나무는 어디서 왔단 말인가?

과거나 미래로의 시간 여행을 다룬 공상과학소설이나 영화는 수없이 많다. 그 중에서도 H. G. 웰스의 『타임머신』은 고전적인 작품이다.

시간 여행은 논리적으로 가능한가? 아니면 그것은 해결할 수 없는 모순에 부닥치고 마는가? 만약 시간이 앞으로만 흐르는 우리 세계가 유일하게 존재하는 세계라고 가정한다면, 이 역설들은 과거로 돌아가려는 모든 시도는 논리적인 모순에 부닥치게 된다는 것을 분명히 보여준다. 시간 여행자가 과거로 돌아가 어릴 때의 자신을 만나는 첫 번째 역설을 생각해보자. 만약 그가 그 아이를 죽인다면, 자신은 존재하면서도 더 이상 존재하지 않게 된다. 기발한 교수로 자라날 아이가 죽었다면, 지금 여기 서 있는 기발한 교수는 어디서 온 것일까?

두 번째 역설은 좀더 미묘하다. 미래 세계로 가서 자신의 이름을 떡갈나무에 새기는 것은 아무런 모순을 일으키지 않는다. 그렇지만 현재 세계로 돌아온 뒤에 모순이 일어난다. 다시 말해서, 시간을 거슬러 과거로 여행할 때 생겨난다. 떡갈나무를 베는 순간, 기발한 교수는 미래의 떡갈나무를 없애버렸고, 우리는 또다시 논리적 모순에 부닥치게 된다. 미래의 어느 시점에 떡갈나무는 존재하면서도 존재하지 않기 때문이다.

타키온 전화

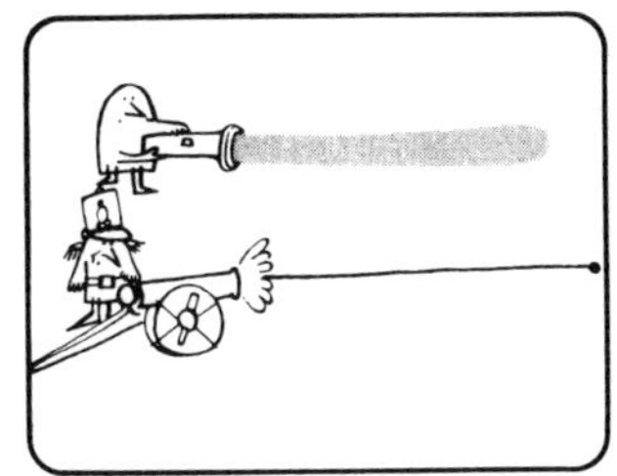

맹 교수 : 최근에 물리학자들은 '타키온'이라는 입자가 존재할지도 모른다는 가설을 세웠다. 타키온은 항상 빛보다 더 빨리 달리는 가상적인 입자이다. 상대성 이론에 따르면, 만약 타키온이 존재한다면 그것은 반드시 시간을 거스르며 움직여야 한다.

기발한 교수는 지금 막 타키온 전화를 발명해 다른 은하에 살고 있는 기막혀 교수와 통화를 하기로 했다.

기발한 교수는 학생들에게 자신의 발명품으로 할 실험에 대해 설명했다.

기발한 교수 : 내일 낮 12시에 나는 기막혀 교수에게 타키온 전화를 걸 것이다. 나는 그에게 일단 전화를 끊고, 창밖에 보이는 헬리콥터의 수를 센 다음, 다시 내게 전화를 해달라고 부탁할 것이다.

돌식이 : 그렇지만 그것은 교수님 뜻대로 되지 않을 겁니다. 타키온은 시간을 거꾸로 달리기 때문에 기막혀 교수님은 12시보다 1시간 앞선 11시에 전화를 받게 될 겁니다. 또 기막혀 교수님이 전화를 걸어오면 또 1시간이 빨라지지요. 그러니까 교수님은 전화로 질문을 하기 두 시간 전에 먼저 대답을 듣게 될 겁니다. 이런 일은 가능하지 않으니, 교수님 실험은 실패할 게 뻔해요.

이 예는 반드시 사람이 과거로 시간 여행을 할 때에만 역설이 일어나는 것은 아님을 보여준다. 어떤 메시지나 물체를 과거로 보낼 때에도 모순이 생길 수 있다. 기발한 교수가 월요일에 이렇게 말했다 치자. "나는 금요일에 넥타이를 타임머신 안에 갖다놓을 것이다. 그리고 그것을 내일 화요일로 옮겨놓을 것이다." 그러면 기발한 교수는 화요일에 타임머신 안에서 넥타이를 발견할 것이다. 그러고 나서 그가 넥타이를 불태웠다고 하자. 이제 금요일이 오면, 화요일로 돌려보낼 넥타이가 없다. 또다시 넥타이는 금요일에 존재하는 것 같기도 하고, 아닌 것 같기도 하다. 기발한 교수가 화요일로 옮겨놓을 때에는 넥타이가 존재했는데, 금요일이 된 지금은 존재하지 않는 것이다!

그렇지만 많은 물리학자들은 타키온에 대해 진지하게 연구하고 있다. 상대성 이론에 따르면 광속(光速)은 보통 입자가 달릴 수 있는 최고 속도이다. 그렇지만 물리학자들은 항상 빛보다 더 빨리 달릴 수 있는 입자의 존재를 생각해왔고, 파인버그(Feinberg)가 그것을 타키온(tachyon)이라 이름 붙였다. 타키온은 광속은 달릴 수 있는 최저 속도이고, 광속 이하로는 절대로 달릴 수 없다. 만약 그런 입자가 존재한다면, 상대성 이론에 따라 다음의 유명한 시처럼 시간을 역행하여 달릴 것이다.

브라이트라는 아가씨가 있었지.
브라이트는 빛보다 더 빨리 달렸지.
어느 날, 브라이트는 상대적인 여행에 나서
그 전날에 돌아왔다네.

타키온 전화 역설은 타키온이 존재하지 않는다는 증명은 아니다. 그렇지만 만약 타키온이 존재한다면, 그것을 통신에 사용할 때 필연적으로 논리적 모순에 봉착한다는 것을 보여준다.

평행 우주

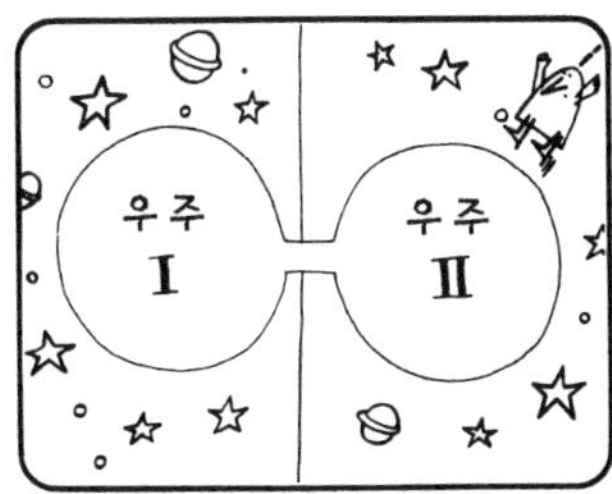

맹 교수 : 공상과학소설 작가들은 시간 여행을 할 때 발생하는 모순을 피하기 위하여 환상적인 방법을 생각해 냈다. 그들은 시간 여행자가 과거로 들어갈 때마다 우주가 똑같은 두 개로 나누어져 각각 서로 다른 시공간에 존재한다고 상상하였다.

그러면 실제로 어떻게 되는지 살펴보자. 여러분이 1930년의 과거 세계로 돌아가 히틀러를 쏴 죽였다고 가정하자. 그 순간에 우주는 두 개의 평행 우주로 나누어진다.

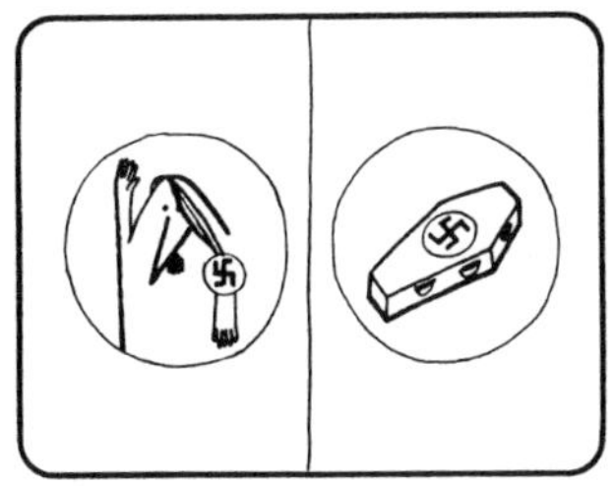

살아 있는 히틀러는 우주 1에 존재하고, 죽은 히틀러는 우주 2에 존재한다.

만약 여러분이 우주 2의 현재로 되돌아가면, 옛날 신문에서 히틀러가 살해되었다는 기사를 볼 수 있을 것이다. 이 우주에서는 여러분이 처음에 출발한 우주, 즉 여러분이 히틀러를 죽이지 않은 세계로 다시 돌아갈 수 없다.

이렇게 가지를 치며 갈라져나가는 평행 우주에서는 기묘한 일이 많이 벌어질 수 있다. 여러분이 일 년 전의 과거 세계로 돌아가 과거의 자신과 악수를 했다고 상상해보자.

뒤로퐁 : 안녕, 뒤로퐁?

뒤로퐁 : 만나서 반갑습니다. 늙은 뒤로퐁 씨.

시간이 얼마 지난 후, 둘 중 한 사람이 시간 여행을 떠났다가 다시 두 사람 앞에 나타날 수도 있을 것이다. 그러면 세 사람의 뒤로퐁이 존재한다. 이것을 계속 반복하면 우주를 뒤로퐁 씨로 가득 채울 수도 있을 것이다.

평행 우주의 가설은 과거로 시간 여행을 할 때 발생하는 논리적 모순을 제거해준다. 이 가설은 공상과학 작가들이 맨 먼저 생각해냈는데, 그 후로 이 개념에 바탕한 많은 이야기가 지어졌다. 이 가설의 핵심은 사람이나 사물이 과거로 들어가는 순간 우주가 평행 우주들로 갈라진다는 것이다. 만약 실제로 이런 일이 일어난다면, 존재하면서도 존재하지 않는 기발한 교수와 그가 자른 떡갈나무에 관한 논리적 모순이 해결된다. 그들은 평행 우주 중 하나에 존재하고, 또 다른 우주에서는 존재하지 않으면 되기 때문이다.

놀랍게 보일지 모르지만, 실제로 우주가 가지를 쳐나간다는 개념에 바탕한 양자 역학적 해석이 있다. 브라이스 드위트(Bryce S. Dewitt)와 닐 그레이엄(Neil Graham)은 『양자 역학의 다원 우주 해석』이란 책에서 '다원 우주 가설'이라 불리는 이 이론을 다루었다. 1957년에 휴 에버렛(Hugh Everett)이 처음 주장한 이 가설에 따르면, 우주는 매순간마다 셀 수 없을 만큼 많은 평행 우주로 가지를 쳐나간다. 각각의 우주는 매순간에 일어날 수 있는 수없이 많은 가능성의 결합으로 이루어져 있다. 따라서 일어날 수 있는 사건들의 모든 조합에 해당하는 무한한 수의 우주가 존재하는 셈이다. 공상과학소설 작가인 프레더릭 브라운(Frederic Brown)은 『미친 우주』에서 그러한 우주를 다음과 같이 묘사했다.

무한한 수의 우주가 존재한다면, 가능한 모든 조합이 존재할 것이다. 그렇다면 어디선가는 모든 일이 실제로 일어날 것이다…… 어느 우주에서는 마크 트웨인(Mark Twain)이 쓴 작품 속의 인물인 허클베리 핀이 작가가 생각한 그대로 행동하면서 살아갈 것이다. 또 마크 트웨인이 허클베리 핀을 묘사할 가능성이 있었던 다른 모든 형태의 삶을 살아가는 무수한 허클베리 핀이 사는 우주들도 존재한다…… 또 우리가 묘사하지도 상상하지도 못했던 상황들이 벌어지는 무한한 우주들이 존재한다.

시간 지연

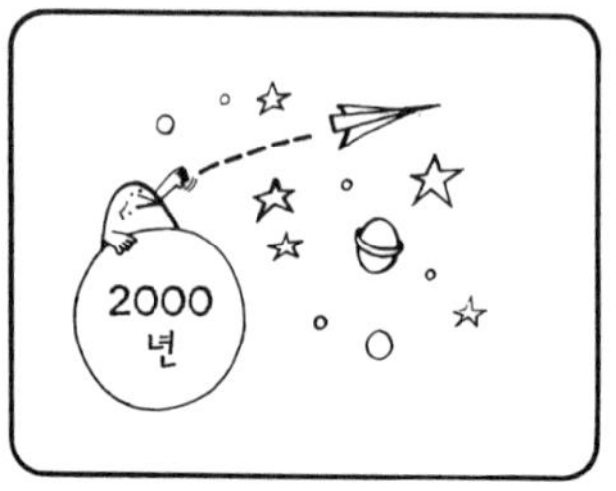

맹 교수 : 과거 여행은 너무나도 기묘한 역설들을 만들어 내기 때문에, 과학자들은 그것이 실제로 가능한 것으로 생각하지 않는다. 그러나 미래 여행은 문제가 다르다. 우주선이 2000년에 지구를 출발하여 광속에 가까운 속도로 여행을 한다고 가정해보자.

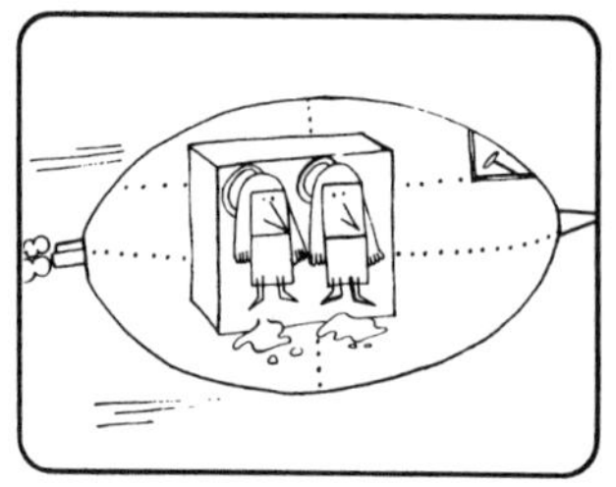

우주선의 속도가 빠를수록 우주선 안의 시간은 천천히 흐른다. 그 속의 탑승자들은 시간이 느려지는 것을 전혀 느끼지 못하지만, 밖에서 보는 우리에게는 그들이 마치 동상처럼 굳어 있는 것으로 보인다.

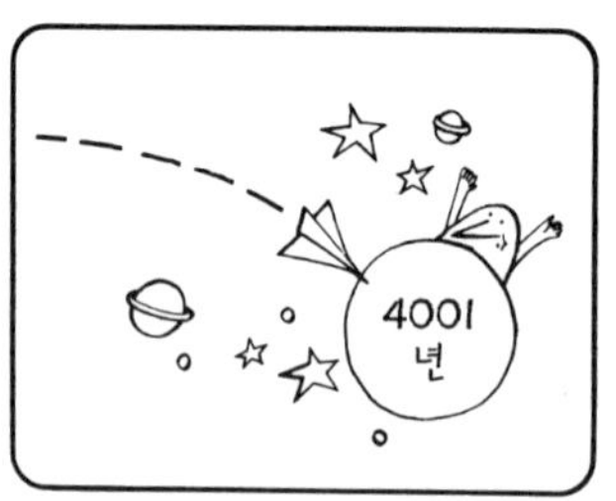

우주선은 다른 은하에 갔다가 다시 지구로 돌아온다. 우주선에 타고 있는 사람들에게는 그 시간이 5년밖에 걸리지 않았다. 그러나 그들이 지구에 돌아왔을 때, 지구의 시간은 수천 년이나 흘러 있었다.

이러한 종류의 시간여행에서는 아무런 역설도 생기지 않는다. 그러나 우주여행을 한 사람들은 이제 미래의 지구에 묶이게 된다. 그들은 다시 자신이 살던 과거 세계로 돌아갈 수 없다.

오직 과거로 여행할 때에만 모순이 생기고, 미래로 여행할 때에는 모순이 생기지 않는다. 사실 우리는 모두 싫든 좋든 미래를 향해 나아가는 시간 여행자이다. 우리는 밤에 잠자리에 들 때, 다음날 아침 가까운 미래에 깨어날 것이라는 사실을 알고 있다. 마찬가지로 어떤 사람의 활동을 정지시켰다가 1000년 뒤에 다시 깨어나게 할 수도 있다. H. G. 웰스의 『잠든 자가 깰 때』를 비롯해 많은 공상과학소설은 이러한 종류의 '시간 여행'을 소재로 다루었다.

만화가 보여주듯이, 상대성 이론은 전혀 다른 형태의 미래 여행 방법을 제공한다. 특수 상대성 이론에 따르면, 물체가 빨리 달릴수록 그 물체의 시간은 밖에 정지해 있는 관찰자에 비해 느리게 흐른다. 광속에 가까운 속도로 여행하는 우주선 속의 시간은 지구에서보다 훨씬 느리게 흐른다. 그렇지만 우주선에 타고 있는 사람들은 비정상적인 것을 전혀 느끼지 못한다. 그들의 시계는 평소와 똑같은 속도로 흐르고, 심장박동도 정상적으로 뛴다. 그러나 지구에서 그들을 바라볼 수 있는 방법이 있다면, 그들은 마치 석고상처럼 굳어 아무 변화가 없는 것처럼 보일 것이다. 또 우주선에 타고 있는 사람들이 지구를 볼 수 있다면, 지구에서의 사건은 매우 빠른 속도로 흘러 몇 분 만에 1년이 후딱 지나가는 것처럼 보일 것이다.

우리가 일상생활에서 이런 효과를 전혀 관찰할 수 없는 이유는 이러한 효과는 광속에 가까운 아주 빠른 속도에서만 눈에 띄게 나타나기 때문이다. 지구에 대한 우주선의 속도를 v, 빛의 속도를 c, 우주선 속에서 흐르는 시간을 T, 지구에서 흐르는 시간을 T' 라 할 때, 두 시간 사이의 관계식은 다음과 같다.

$$T' = \frac{T}{\sqrt{1 - \dfrac{v^2}{c^2}}}$$

v 대신에 우리가 일상생활에서 경험하는 어떤 물체의 속도를 대입하더라도 근호 안의 값은 거의 1이 되기 때문에 T와 T' 는 사실상 똑같다. 그러나 v 대신에 $0.5c$, $0.75c$, $0.9c$(고속으로 움직이는 아원자 입자들에서 볼 수 있는 속도)의

값을 대입하면, 시간 지연 효과는 실험실에서 측정할 수 있을 만큼 크게 나타난다. 실제로 그러한 효과가 측정되어 특수 상대성 이론이 옳음이 확인되었다. 위의 식에서 우주선의 속도 v 대신에 $0.9c$(광속의 90퍼센트) 또는 $0.99c$를 대입하여 우주선에서의 1년이 지구의 몇 년에 해당하는지 계산해볼 수 있다.

운명, 우연, 자유 의지

맹 교수 : 물리학자들은 시간에 관해 점점 더 많은 것을 알아내고 있지만, 아직도 그 본질은 깊은 미궁 속에 숨겨져 있다. 가장 큰 의문 중 하나는 미래가 완전히 결정되어 있느냐 아니냐 하는 것이다.

결정론자 : 케 세라 세라(Que sera sera). 즉 일어날 일은 일어나게 마련이다. 인생은 영화와 같고, 우리는 화면에 비치는 배우이다. 우리는 자유 의지를 가지고 있다고 생각하지만, 그것은 착각이다. 우리는 사전에 정해진 각본대로 행동할 뿐이다.

비결정론자 : 미래는 일부만 결정되어 있을 뿐이다. 우리는 우리의 의지로 세상을 변화시킬 수 있으며, 역사는 우연한 사건들에 의해 결정되는 경우가 많다.

맹 교수 : 어떤 과학자들은 결정론을 절대적으로 믿고 있는가 하면, 어떤 과학자들은 비결정론을 굳게 믿고 있다. 여러분은 어떻게 생각하는가? 이 심오한 철학적 물음에 과학은 영원히 답을 내놓지 못할지도 모른다.

미래가 과거에 의해 완전히 결정되느냐 않느냐를 놓고 과학자와 철학자뿐만 아니라 일반 대중까지도 의견이 엇갈린다. 결정론자는 어느 순간의 우주의 총체적 상태는 미래의 우주의 총체적 상태를 결정한다고 믿는다. 아인슈타인도 개인적으로 이러한 신념을 갖고 있었다. 위대한 철학자 중에서 결정론을 신봉한 대표적인 사람은 스피노자(Spinoza)인데, 아인슈타인은 스스로를 스피노자주의자로 자처했다. 아인슈타인이 양자론을 결코 받아들일 수 없었던 것도 이러한 개인적인 신념 때문이었다. 양자론은 미시 세계에서 일어나는 사건은 근본적으로 우연에 좌우된다고 주장하기 때문이다. 아인슈타인은 "나는 신이 우주를 대상으로 주사위 놀이를 한다고는 믿지 않는다"고 말했다.

비결정론자는 우주의 미래 상태는 현재 상태에 의해 부분적으로만 결정되어 있다고 생각한다. 비결정론자는 자유 의지를 믿어야 할 이유가 없다. 미시적 차원에서 일어나는 우연만으로도 미래는 완전히 결정될 수가 없기 때문이다. 게다가 생명, 그 중에서도 특히 인간은 자유 의지가 있다고 믿을 수도 있다. 우주의 현재 상태를 모두 알고 있는 어떤 초월적인 존재가 있다 하더라도, 인간에게 자유 의지가 있다면, 그러한 초월적 존재가 예측할 수 없는 방식으로 미래를 변화시킬 능력이 있다. 미국의 유명한 철학자 중 찰스 퍼스(Charles Peirce)와 윌리엄 제임스(William James)는 대표적인 비결정론자이다.

이 심오한 철학적 질문은 시간의 본질과, 하나의 사건이 다른 사건의 원인이 된다는 의미가 과연 무엇인가 하는 것과 밀접한 연관이 있다. 우주를 측정하는 데 수학을 응용해 많은 사건(예컨대 다음에 일식이 일어나는 시간)을 아주 정확하게 예측할 수 있다는 것은 의심의 여지가 없다. 반면에 다음에 나올 주사위의 눈이라든가 1주일 후의 날씨 같은 것은 그것의 원인이 되는 요소들이 너무 복잡하여 사실상 정확하게 예측한다는 게 불가능하다.

가장 큰 의문은 우주의 기본 법칙이 완전히 결정론적인지, 아니면 미시 차원에서 벌어지는 순전한 우연의 결과로 혹은 생물들의 자유 의지의 결과로 혹

은 이 양자의 결합으로 새로운 사건들이 일어나느냐 하는 것이다. 이 문제들
은 이미 고대 그리스 시대부터 논의되어왔고, 그 이후로 과학자와 철학자를
비롯해 수많은 사람들이 논의해오고 있다.

이 책의 제목을 '이야기 파라독스'로 정한 데에는 좀 복잡한 사연이 있다. 사실 외래어 표기법상 '파라독스'는 틀린 표기이고, '패러독스'라고 써야 맞다. 이 책의 원제는 'aha! Gotcha'인데, aha! I got it, 곧 '알았다' 또는 '깨달았다'는 뜻으로, '유레카!'에 해당하는 말이다. 그런데 이러한 원제나 부제는 우리나라에서 『이야기 파라독스』가 나오고 나서 한참 후에야 알게 되었다. 무슨 소리냐고 궁금해하겠지만, 사실 이 책은 프랑스에서 나온 'la magie des paradoxes(파라독스의 마술)'를 번역 대본으로 사용했다. 지금이야 저자인 마틴 가드너가 얼마나 대단한 사람인지 잘 알려져 있지만, 당시만 해도 국내에 전혀 소개된 적이 없었고, 옮긴이도 저자에 대해 전혀 아는 것이 없어 원본이 프랑스어인 줄 알고 번역을 시작했던 것이다. 그런데 paradoxe는 프랑스어로는 '파라독스'로 소리가 나고, 패러독스보다 어감이 좋아 그냥 제목으로 쓰기로 결정하였다.

이렇게 해서 출판된 『이야기 파라독스』는 예상 밖으로 독자들의 많은 호응을 얻었다. 그 후에 프랑스어로 중역을 한 점이 찜찜해 영어 원본을 텍스트삼아 개정을 하려고 마음먹고 있었는데, 여러 가지 사정으로 차일피일 미루다가 이번에 마침내 개정 작업을 하게 되었다. 프랑스어판은 영어 원본과 다르게 프랑스 사정에 맞게 고쳐 쓴 부분이 많았고, 원본에서 누락된 부분도 상당수 있었는데, 이번에는 영어 원본에 충실하게 번역했다. 또 번역자의 실수로 오역된 부분도 이번에 바로잡았다. 이렇게 개정된 『이야기 파라독스』는 이전보다 훨씬 더 명쾌하고 이해하기 쉽게 쓰여졌다고 생각한다.

마틴 가드너는 〈사이언티픽 아메리칸〉지에 수학 퍼즐을 기고하면서 미국 최고의 대중 수학자로 알려졌고, 우수한 저서를 많이 남긴 사람이다. 아이작 아시모프는 풍부한 고전 지식에 바탕해 뛰어난 문장과 수사력으로 이야기를 재미있게 풀어나가지만, 마틴 가드너는 수학자답게 살은 빼고 뼈만 전달하는 문체를 주로 사용한다. 수학자나 물리학자는 열 마디로 설명할 것을 한두 마디로 설명하면 '아름답다'고 감탄하는 사람들이다. 가드너는 책 한 권으로 설명할 분량을 몇 장으로 압축해서 전달하기 때문에, 독자들은 말 한마디 한마디에 주의를 기울여 읽어야 하지만, 그러한 문장도 나름대로 읽는 재미가 있다(특히 지능이 높은 사람에게는). 마틴 가드너는 뛰어난 지성으로 훌륭한 책을 많이 썼지만, 독자에게 정말로 '유레카!' 하는 깨달음이나 영감을 주는 책으로는 이 책만한 게 없으며, 이 점에서는 20세기 최고의 책으로 추천하고 싶다.

프랑스어판의 제목처럼 이 책에는 마술과 같은 역설들이 소개되어 있으며, 저자는 마술사 같은 솜씨로 그 역설들을 멋지게 요리한다. 그 솜씨를 감상하는 것은 독자의 수준에 따라 다를 것이다. 어쨌든 재미있는 이야기들을 읽어 가노라면 논리적 사고 능력도 향상되지만, 각자 나름대로 깨닫는 것이 많으리라고 생각한다. 아주 작은 습관 하나로 인생이 크게 달라질 수 있다. 그러한 습관에는 사고 습관도 포함된다. 모쪼록 이 한 권의 책이 여러분의 삶을 한 단계 높여주는 계기가 되길 바란다.

이야기 파라독스

1990년 7월 25일 1판 1쇄
2002년 12월 11일 1판 43쇄
2003년 7월 16일 2판 1쇄
2024년 10월 25일 2판 19쇄

지은이 마틴 가드너
옮긴이 이충호

편집 정은숙　**제작** 박흥기　**마케팅** 김수진, 강효원　**홍보** 조민희
출력 블루엔　**인쇄** 천일문화사　**제본** J&D바인텍

펴낸이 강맑실　**펴낸곳** (주)사계절출판사　**등록** 제406-2003-034호
주소 (우)10881 경기도 파주시 회동길 252
전화 031)955-8558, 8588　**전송** 마케팅부 031)955-8595 편집부 031)955-8596
홈페이지 www.sakyejul.net　**전자우편** skj@sakyejul.com　**블로그** blog.naver.com/skjmail
인스타그램 instagram.com/sakyejul　**트위터** twitter.com/sakyejul　**페이스북** facebook.com/sakyejul

값은 뒤표지에 적혀 있습니다. 잘못 만든 책은 서점에서 바꾸어 드립니다.
사계절출판사는 성장의 의미를 생각합니다. 사계절출판사는 독자 여러분의 의견에 늘 귀 기울이고 있습니다.
이 책은 저작권법에 따라 보호받는 저작물이므로 무단전재와 무단복제를 금합니다.

ISBN 978-89-7196-972-4　43410